Die 2. Auflage wurde insbeso folgende neue Themen erweit

- **Viele Zusätze in vorhandenen Themen**
- **Neueste Hardware-Technologien**
- **Neueste Netzwerk-Technologien**
- **Optimierung von Netzwerken**
- **Windows NT4 Backoffice-Komponenten wie**
  - System-Management-Server
  - Proxy-Server
  - Exchange-Server (Erweiterungen)
  - WEB-Server Option-Pack (IIS, Index-Server, Site-Server)
- **ARCserve-Datensicherungs-System**

Außerdem:

- **Windows 2000**

Aus bisherigen Besprechungen zur ersten Auflage:

„Der Autor weiß, worauf es ankommt"

IT-Business-News, 9. Oktober 2000

„Und das Konzept geht auf: Wer sich die drei Hauptkapitel über Hardware-, Netzwerk- und Softwaretechnik parat macht, ist mit besten Basics gut vorbereitet für seinen IT-Job."

amazon.de bringt's-Newsletter

Aus dem Bereich IT erfolgreich lernen

Ohne C zu C++
von Peter P. Bothner und Michael Kähler

Grundkurs JAVA
von Dietmar Abts

Visual Basic Essentials
von Ekkehard Kaier

Delphi Essentials
von Ekkehard Kaier

Grundkurs Wirtschaftsinformatik
von Dietmar Abts und Wilhelm Mülder

Aufbaukurs Wirtschaftsinformatik
von Dietmar Abts und Wilhelm Mülder

Kompaktkurs Mikrocontroller
von Silvia Limbach

Von Pascal zu Assembler
von Peter Kammerer

Das PC-Wissen für IT-Berufe:
Hardware, Betriebssysteme, Netzwerktechnik
von Rainer Egewardt

Rainer Egewardt

Das PC-Wissen für IT-Berufe:

Hardware, Betriebssysteme, Netzwerktechnik

Kompaktes Praxiswissen für alle IT-Berufe in der Aus- und Weiterbildung, von der Hardware-Installation bis zum Netzwerkbetrieb inklusive Windows NT, Novell Netware und Unix (Linux)

2., überarbeitete und erweiterte Auflage

vieweg

Die Deutsche Bibliothek – CIP-Einheitsaufnahme
Ein Titeldatensatz für diese Publikation ist bei
Der Deutschen Bibliothek erhältlich.

1. Auflage Juli 2000
2., überarbeitete und erweiterte Auflage Juni 2002

Ursprünglich erschienen bei Friedr. Vieweg & Sohn Verlagsgesellschaft mbH,
Braunschweig/Wiesbaden 2002

Höchste inhaltliche und technische Qualität unserer Produkte ist unser Ziel. Bei der Produktion und Auslieferung unserer Bücher wollen wir die Umwelt schonen: Dieses Buch ist auf säurefreiem und chlorfrei gebleichtem Papier gedruckt. Die Einschweißfolie besteht aus Polyäthylen und damit aus organischen Grundstoffen, die weder bei der Herstellung noch bei der Verbrennung Schadstoffe freisetzen.

Konzeption und Layout des Umschlags: Ulrike Weigel, www.CorporateDesignGroup.de
Umschlagbild: Nina Faber de.sign, Wiesbaden

ISBN 978-3-528-15739-5 ISBN 978-3-663-07857-9 (eBook)
DOI 10.1007/978-3-663-07857-9

Vorwort

Wissen über PC-Technik wird im heutigen Berufsleben immer wichtiger. Doch die Informationsvielfalt darüber ist zwischenzeitlich so groß geworden, dass fast niemand mehr alles über PC's wissen kann.

Wie viel mehr im technischen Bereich eines PC's, eines PC-Netzwerkes oder der dazugehörigen Betriebssysteme. Deswegen ist der Blick für das in der Praxis Wesentliche umso wichtiger! Hier soll das vorliegende Buch eine wertvolle Unterstützung bieten.

Motivation für dieses Buches war, die Bereiche der PC-Technik (Hardware, Netzwerke, Windows NT, Novell-Netware, Unix und/ oder Linux) – ganz nah an der Praxis orientiert – kompakt und gebündelt darzustellen, mit denen man im Berufsleben als Techniker überwiegend konfrontiert wird. Die Vorteile mit diesem Buch sind:

- Viele Bücher sind nicht mehr nötig, mit denen das Wissen langsam „scheibchenweise" aufgebaut und komplettiert werden kann.
- Für die berufliche Aus- oder Weiterbildung wird mit den Inhalten dieses Buches das notwendige Rüstzeug vermittelt, mit dem man sich bestens orientieren und die Prüfung, aber auch die berufliche Praxis meistern wird.
- Praktiker oder pc-technisch interessierte Menschen werden in diesem Buch ein umfangreiches Nachschlagewerk finden.

Mit dem vorliegenden Buch sind alle Informationen, die notwendig sind, um einen PC und ein PC-Netzwerk unter einem der gängigsten Betriebssysteme aufbauen und betreiben zu können, verständlich und übersichtlich zusammengefasst. Aber auch das benötigte Hintergrundwissen, um zu verstehen, warum man etwas tut, wird erschöpfend behandelt.

Das Buch wendet sich an alle, die sich in die technische Welt von PC's und PC-Netzwerken einarbeiten wollen, um diese aufbauen und betreiben zu können. Insbesondere ist das Buch geeignet für

- IT-Fachleute und solche, die es werden wollen: PC-Techniker, System-Techniker, Administratoren für heterogene Netzwerke, IT-Manager, die im Rahmen von Umschulungen oder Weiterbildungen in die IT-Branche hineinwachsen wollen.
- Auszubildende in den neuen IT-Berufen: IT-System-Elektroniker, Fachinformatiker mit der Fachrichtung Systemintegration und weitestgehend auch für Informatikkaufleute, soweit es Hardware-, Netzwerk- oder Betriebssystemwissen betrifft.

Die Inhalte des Buches umfassen:

- Micro-Computer-Technik
- Funktionen von Einzelkomponenten im PC
- PC-Netzwerktechnik
- Installation von PC's und PC-Netzwerken
- Betriebssysteme wie
  - DOS
  - Windows NT 4
  - Novell-Netware
  - Unix (Linux)
  - Windows 2000

Ein Schwerpunkt in diesem Buch bildet Windows NT4 mit seiner Erweiterung zu Windows 2000. Immer mehr Firmen haben in den letzten Jahren von anderen Betriebssystemen auf Windows NT aufgerüstet, da es in vielerlei Hinsicht (Sicherheit, Performance, Strukturierung des Netzwerkes) außergewöhnliche Features zu bieten hat.

Der Marktanteil im Netzwerkbereich ist seit dem Erscheinen von Windows NT 4 ständig gestiegen. So war im Jahr 2000 der Markanteil von Windows NT 4 im Server-Bereich bei 41 % angekommen, Tendenz steigend, und nimmt damit eindeutig die Rolle des Marktführers ein. Linux, was ja nur ein Unix-Clone darstellt, hat sich hier zwischenzeitlich sogar vor Novell geschoben und hält einen Markanteil von 27 %. Novell-Netware ist eindeutig der große Verlierer. Während der Marktanteil von Novell im Jahre 1998 noch bei 23 % lag (alle Versionen, 3.12/4.11/5.x zusammen), ist die Tendenz weiter stark fallend, was auch durch Novell 5.x nicht aufzuhalten ist.

All dies ist eine logische Konsequenz aus der Tatsache, daß Microsoft einen Marktanteil im Client-Bereich von 98 % hält. Linux liegt hier bei 2 %, aber mit steigender Tendenz. Um Windows-Clients führt meistens kein Weg vorbei, egal, für welchen Server die Entscheidung gefallen ist. Und wenn schon Windows-Clients vorhanden sind, warum sollte dann nicht auch die Entscheidung für einen Windows-Server fallen, da hier die Komponenten optimal aufeinander abgestimmt sind und optimal miteinander funktionieren, während die Einbindung anderer Betriebssysteme oder softwaremäßiger Netzwerkkomponenten meistens allerlei Probleme in sich birgt, die oftmals auch erst mit der Zeit zu Tage treten. Es ist nun einmal Fakt, dass Microsoft alle in einem Netzwerk benötigten Komponenten, wie z. B. Server- und Client-Betriebssysteme, Office, Backoffice, Proxy-Server und Firewall, Internet-Information-Server, SQL-Server, System-Management-Server, HTML-Erstellung und Verwaltung (FrontPage-WEB) in optimal aufeinander abgestimmten Komponenten für ein Netzwerk, welches den heutigen Anforderungen gerecht werden will, liefert.

Der Umstrukturierungsprozess innerhalb der Geschäftswelt zu NT4 kommt seit einigen Jahren erst so richtig voran, was sicherlich auch damit zusammenhängt, dass ein Betriebssystem immer erst 2–3 Jahren nach dem Erscheinen richtig ausgereift ist, und damit alle Kinderkrankheiten beseitigt sind und es erst dann stabil und zuverlässig läuft (so, wie bei neuer Hardware auch). Die Zukunft wird aber bei Windows 2000 liegen, welches wirklich hervorragende Ideen und Funktionen für die Strukturierung und Verwaltung heutiger Netzwerke in sich birgt und die sowieso schon außergewöhnlichen Features von Windows NT4 weiter ausbaut. Nur muss dieses Betriebssystem durch die Entwicklung seiner ServicePacks erst einmal zu seiner Stabilität finden.

Windows NT 4 hat sich eindeutig in der Geschäftswelt etabliert und wird dies mit seiner Erweiterung zu Windows 2000 auch bleiben, da ein solcher Umstrukturierungsprozess innerhalb einer Firma mit immensen Kosten verbunden ist (Kosten für Hardware, Software, Einrichten der Systeme, Mitarbeiterschulungen, etc.), und Firmen sicherlich nicht alle 2 Jahre bei der Einführung eines neuen Betriebssystems diese Kosten übernehmen können und wollen.

Novell-Netware und Unix werden allerdings auch so ausführlich wie möglich besprochen, da sie in der Geschäftswelt sicherlich auch weit verbreitete Betriebssysteme sind und man immer wieder damit konfrontiert wird. Da dies ein Buch überwiegend für die tägliche Praxis sein soll, wird sich dieses Buch bei Novell-Netware aber auf die Versionen 3.12 und 4.11 beschränken, da nur diese Novell-Betriebssysteme sehr weit verbreitet sind. Netware 5.x spielt eigentlich kaum eine Rolle (Stand Juli 2001), weswegen es in dieser Auflage auch noch nicht enthalten ist.

Noch ein Wort zur ersten Auflage des Buches:

Ich habe des Öfteren Kritik von Lesern erhalten, über teilweise veraltete Techniken, die im Buch beschrieben sind. Einerseits kann aber ein wirkliches Verständnis für neue Techniken erst dann entstehen, wenn die Grundlagen, nämlich die alten Techniken, als Basis heran gezogen werden. Andererseits, wenn Sie in ihrem technischen IT-Beruf einmal Fuß gefasst haben, werden Sie bemerken, dass Sie so gut wie mit allem im Berufsleben konfrontiert werden, was die Computerwelt im technischen Bereich jemals erschaffen hat. In vielen Betrieben wird immer noch mit Windows 3.11 oder in bestimmten Bereichen (Mess-Rechner) sogar noch mit DOS 6.22 gearbeitet, die auf 386er-Systemen ihren Dienst verrichten. Genauso werden Sie mit GHz-Rechnern und Win2000 und allem was dazwischen liegt konfrontiert werden. Es ist einfach ein Irrtum zu glauben, dass alle Welt nur mit dem Neusten vom Neuesten arbeitet. Teilweise trifft dies auf den privaten Bereich zu, da hier die Werbung ihren Zweck erfüllt. In Betrieben sieht die Situation jedoch sehr anders aus, da Betriebe sicherlich nicht dazu bereit sind, alle 1–2 Jahre neue Hard- oder Software anzuschaffen, was oft nur mit erheblichen finanziellen Mitteln ermöglicht werden kann. In Betrieben geht es nicht darum, immer das Neuste vom Neusten zu haben, sondern der betriebliche Ablauf muss über die EDV realisierbar sein. Und solange dies mit vorhandener EDV-Struktur bewältigt werden kann, wird dies auch mit älteren Systemen durch geführt werden.

Rainer Egewardt — Berlin, im Mai 2002

Inhaltsverzeichnis

1.2 Funktionsweise von PC-Komponenten (Grundkonfiguration) 16

1.3 Installation von PC-Komponenten (Grundkonfiguration) 92

Komponenten-Übersicht

Bauformen

LAN-Station Slim-Line Desktop Mini-Tower Midi-Tower Big-Tower Laptop

Verarbeitung

CPU CoPro RAM BUS-System Chip-Satz Mainboard

Eingabe

Tastatur Maus Scanner Grafik-Tablett

Ausgabe

Monitor Drucker Plotter Sound

Massenspeicher

Festplatte | Diskette | CD-ROM | Streamer | Optical-Disk | DVD

Komponenten (Standard)

I/O-Controller | HDD-Controller | FDD-Controller | Grafikkarte

Komponenten (Optional)

Modem | Soundkarte | Grafik-Subsystem | Netzwerk-Adapter | ISDN-Karte

1 Hardware-Technik

1.1 Micro-Prozessor-Technik

Jeder Prozessor-Typ hat seine Eigenarten. In den grundsätzlichen Funktionen sind allerdings alle Prozessoren gleich. Diese Funktionen sollen in diesem Abschnitt beschrieben werden.

1.1.1 Computerarten

Merkmale für die Leistungsfähigkeit von Computern sind:

- Architektur der CPU (CISC, RISC)
- Taktfrequenz und Wortbreite
- Anzahl der CPU's
- Größe des Arbeitsspeichers
- Speicherkapazität insgesamt
- Schnittstellen zur Peripherie
- Eigenschaften des Betriebssystems

Weil von den über 100 internen Befehlen der CISC-CPU's meistens weniger als die Hälfte benötigt werden, entstanden die RISC-CPU's (ca. 60 Befehle). Diese können Befehle mit nur wenigen Takten ausführen, was mit nur wenigen Anweisungen zur selben Zeit erreicht wird (Pipeline-Verfahren).

Je größer die Taktfrequenz und die Wortbreite der CPU ist, desto schneller werden Programmanweisungen ausgeführt.

In diesem Zusammenhang werden Computer nach MIPS klassifiziert. (1 MIPS = 1 Million Anweisungen pro Sekunde)

PC's (80x86)	20–200 MIPS
Alpha Chip	400 MIPS
Pentium	400–2000 MIPS
AMD-K6	1500 MIPS

1.1.2 Funktionseinheiten

Die minimale Konfiguration eines Computers besteht aus:

- Prozessor
- Rechenwerk, Steuerwerk, Register
- Taktgeber
- Systemsteuerung
- Adress-, Daten-, Steuerbus
- Speicher (RAM, ROM)
- I/O Einheit

1.1.3 Funktion

Grundsätzliche Funktion:

Der Prozessor liest über seinen Datenbus Daten aus dem Speicher. Die entsprechende Stelle im Speicher wird dabei durch eine Adresse festgelegt, die der Prozessor mit Hilfe der Adressierungseinheit berechnet und über den Adressbus an das Speichersubsystem übergibt (siehe Abschnitt 1.2.10 „BUS-Systeme"). Je nach Mode ist die Adressierung unterschiedlich aufwändig.

Der Lese-Schreib-Vorgang läuft über die Busschnittstelle (BU), wozu die BU die Adresse und ggf. den Wert der zu schreibenden / speichernden Daten ausgibt. Der Prozessor spricht in gleicher Weise den Speicher an, um einen Befehl zu lesen. Die gelesenen Daten (Befehle) werden in der Prefetch-Queue gespeichert. In einem späteren Schritt liest die Befehlseinheit den Befehl hier heraus, decodiert ihn und übergibt ihn an die Ausführungseinheit.

Befehle und Daten sind im selben physikalischen Speicher untergebracht. Diese sind in verschiedene Abschnitte (Segmente) unterteilt. Die Segmente enthalten Programmcodes oder Daten.

Die Businterfaceeinheit regelt den Datenverkehr zwischen den externen Einheiten und dem Prozessor. Zur schnellen Befehlsabarbeitung gibt es Befehlswarteschlangen.

In der Segmentierungseinheit wird zusammen mit der Pagingeinheit die Berechnung der Adressen zur virtuellen Speicherverwaltung durchgeführt.

1.1.4 Befehlsverarbeitung (s. Abb. 1)

Wesentliche Bestandteile des Prozessors sind:

- Befehlszähleinrichtung mit Adressregister
- Befehlsregister mit Befehlsdecoder
- ALU mit Akkumulator und Statusregister

1. Der Prozessor sendet auf den Adressleitungen die Adresse der Speicherzelle aus, in der der nächste zu verarbeitende Befehl steht.
2. Er liest mit einem Steuersignal diesen Befehl und speichert ihn im Befehlsregister.
3. Er stellt fest, um welchen ihm bekannten Befehl es sich handelt (Befehl decodieren (vom Hersteller vordefiniert)). Abhängig von dieser Entschlüsselung holt er weitere Daten aus dem Speicher oder führt den Befehl aus.

1.1.5 Befehlszähl-Einrichtung

Sie steuert die Reihenfolge, in der die Befehle abgearbeitet werden. Dafür ist intern ein Zähler eingebaut, der Program-Counter, der nach jedem abgearbeiteten Befehl um 1 erhöht wird, da die Befehle im Speicher hintereinander gespeichert sind. So wird die nächste Adresse im Speicher geliefert.

Das Adressregister wird zu Beginn einer jeden Befehlsholphase mit dem Inhalt des Program-Counters geladen.

1.1.6 Befehlsregister und Befehlsdecoder

Das über den Programmzähler und das Adressregister adressierte Befehlsbyte gelangt während der Befehlsholphase in das Befehlsregister.

Im Befehlsdecoder wird ermittelt, welchem Befehl diese Byte entspricht. Das Ergebnis wird der Ablaufsteuerung mitgeteilt.

1.1.7 Ablaufsteuerung

Sie erzeugt alle internen und externen Steuersignale für das Holen und Ausführen der Befehle.

Alle Steuersequenzen aller möglichen Prozessorbefehle werden in der Ablaufsteuerung in einem Microprogramm-Speicher aufbewahrt.

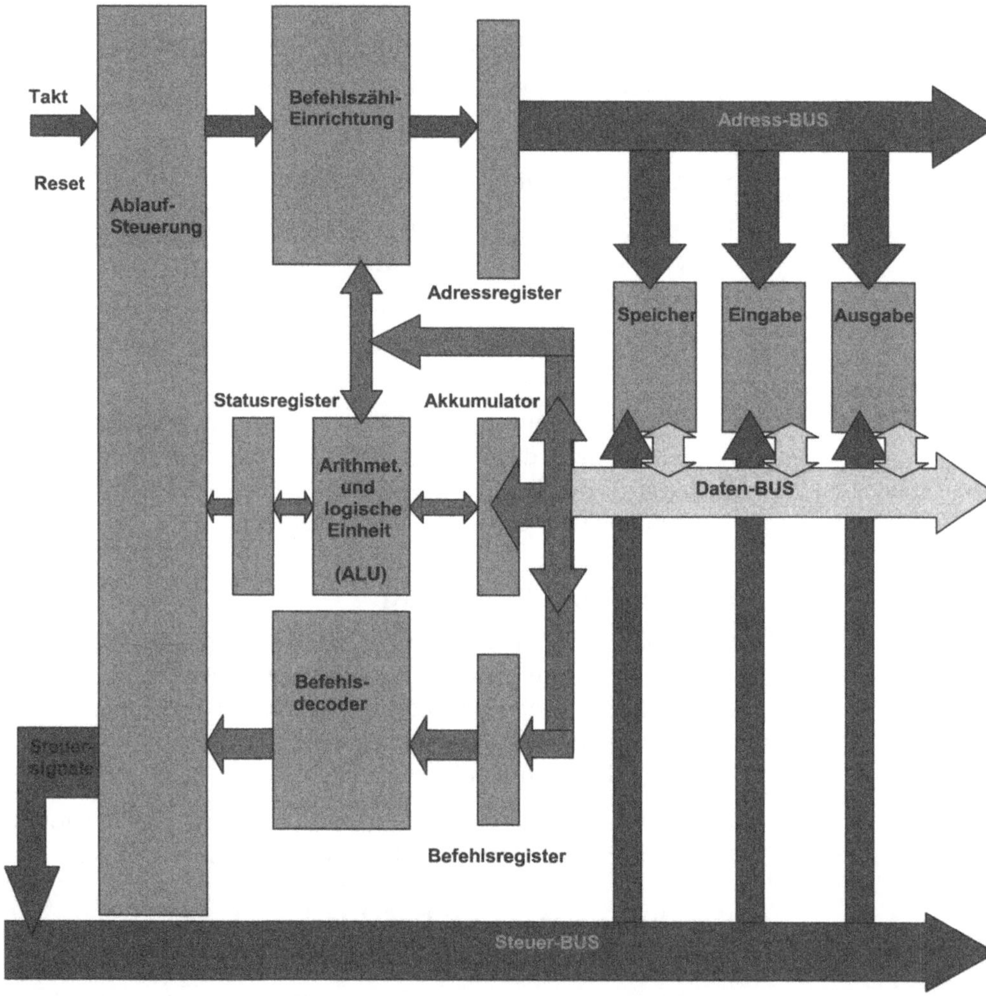

Abb. 1 Abarbeitung von Microprozessor-Befehlen

1.1.8 Takt und Reset

Zur Erzeugung des Systemtaktes besitzen einige Prozessoren interne Oszillatoren. Bei anderen Typen muss der Takt extern erzeugt werden.

Damit der Prozessor beim Anlegen einer Betriebsspannung nicht willkürlich mit der Programmabarbeitung beginnt, muss er in einen Grundzustand gebracht werden. Dafür hat jeder Prozessor einen Reset-Eingang. Nach einem Impuls an diesem Eingang wird der Program-Counter gelöscht und die Befehlsholphase eingeleitet. Der Prozessor beginnt dann bei der Adresse 0000H mit der Befehlsabarbeitung.

1.1.9 ALU und Akkumulator

Die Verarbeitung der Daten erfolgt in der ALU. Hier werden arithmetische-, logische- und Schiebeoperationen durchgeführt. Die Daten, die verarbeitet werden, werden Operanten genannt.

Die ALU kann einen oder zwei Operanten verarbeiten. Wie und in welcher Form Operanten verarbeitet werden, hängt vom auszuführenden Befehl ab. Für die Zuführung beider Operanten besitzt die ALU zwei Kanäle. Der eine Operant gelangt über den Datenbus in die ALU, der andere über den Akku.

Das Ergebnis einer logischen / arithmetischen Operation wird im Akku abgelegt.

Alle Prozessoren haben Befehle, die das Laden des Akkus mit Daten aus dem Speicher oder das Ablegen das Akkuinhalts im Speicher bewirken. Außerdem läuft der Datenverkehr zu/von den Ein/Ausgabeeinheiten über den Akku ab.

Der Akku hat eine zentrale Funktion.

1.1.10 Statusregister

Im Statusregister werden Zustandbits (Flags) gesetzt, die unmittelbar an die Ablaufsteuerung übergeben werden, da es Befehle für den Prozessor gibt, die in Abhängigkeit vom Zustand der Flags ausgeführt werden.

Carry Bit (CY)	=1 Überlauf bei einer Operation, =0 kein Überlauf
Zero Bit (Z)	=1 Ergebnis ist 0, =0 Ergebnis ist nicht 0
Negativ Bit (N)	=1 Ergebnis ist negativ, =0 Ergebnis ist positiv
Parity Bit (P)	=1 Anzahl Bits ist gerade, =0 Anzahl ist ungerade

1.1.11 Register

Es existieren in einem Prozessor eine Vielzahl von Registern.

Die Wichtigsten sind:	
Akkumulator:	Arith., log. und Schiebeoperationen
Baseregister:	Zeiger auf Basisadresse
Zählregister:	speichert Wiederholungen
Datenregister:	speichert Daten
Base Pointer:	Zeiger auf Basisadressen im Stacksegment
Source Index:	Indexzeiger
Befehlszähler:	Offset der Befehle
Stackpointer:	Stackzeiger
Codesegment:	Befehle und Daten, die unmittelbar adressiert werden
Datensegment:	Daten, die dem gerade laufenden Programm zugeordnet sind
Stacksegment:	Daten, auf die mittels Stack-Befehlen zugegriffen wird
Flagregister:	Zustandsbits
Steuerregister:	Page Directory Basis Register
Debugregister:	Ablegen der linearen Adressen
Speicherverwaltungsregister:	dienen der Speicherverwaltung

1.1.12 Stackpointer

Der Stackpointer ist ein Register, das Adressen der im Stapelspeicher (Stack) aufbewahrten Registerinhalte enthält. Die Zwischenspeicherung der Registerinhalte im Stack wird benötigt, wenn bei einer Unterbrechung der momentanen Arbeit des Prozessors (Interrupt) andere momentan benötigte Daten in die Register geladen werden müssen.

Nach Abarbeitung des Interrupts holt sich der Prozessor die zwischengespeicherten Daten wieder aus dem Stack und fährt mit der Arbeit an der Stelle fort, an der er vor dem Interrupt aufgehört hat.

Der Stack beginnt immer an der obersten Adresse und wird nach der niedrigeren hin belegt (LIFO-Speicher, Last In – First Out).

1.1.13 Interrupt

Allgemein:

Durch einen Interrupt wird der Prozessor in seiner momentanen Arbeit unterbrochen. Dies könnte z.B. beim Darstellen von Zeichen auf dem Bildschirm sein, damit er ein Zeichen von der Tastatur einliest. Damit der Prozessor erkennt, mit welcher Arbeit er vor Auftreten des Interrupts beschäftigt war, werden zuvor der Zustand des Prozessors und die Inhalte der Register auf dem Stack zwischengespeichert und nach Bearbeitung des Interrupts wieder eingelesen. Jeder Interrupt hat einen Vektor auf eine Interruptroutine, die den Interrupt behandelt.

Hardwareinterrupt:

Hier wird der Interrupt durch einen Hardware-Baustein oder ein Peripheriegerät (zB. Festplatte) ausgelöst. Es wird zwischen maskierbaren (sperrbaren) und nicht maskierbaren Interrupts unterschieden. Löst ein Gerät einen NMI (nicht maskierbarer Interrupt) aus, so wird dem NMI-Anschluss des Prozessors ein aktives Signal zugeführt. Der Prozessor arbeitet den gerade ausgeübten Befehl ab und führt unmittelbar anschließend einen Interrupt 2 durch. Beim PC wird ein NMI nur ausgelöst, wenn ein schwer wiegender Hardware-Fehler vorliegt.

Ein NMI hat absolute Priorität und wird immer als erstes Bearbeitet.

Dem gegenüber können die Interrupt-Anforderungen IRQ maskiert werden. Diese Interrupts liegen am INTR Anschluss des Prozessors.

Für die Bedienung von Hardware-Interrupts spielt der Interrupt-Controller eine wichtige Rolle. Er verwaltet mehrere Interrupt-Anforderungen und gibt sie geordnet nach Priorität an den Prozessor weiter (siehe Abschnitt 1.2.14 „Chipsatz").

Softwareinterrupt:

Ein Softwareinterrupt wird gezielt durch einen INT-Befehl beim Programmieren ausgelöst.

Exeption:

Exeptions sind Interrupts, die vom Prozessor selbst erzeugt werden. Die Auswirkungen entsprechen einem Softwareinterrupt.

Ursache für eine Exeption ist im Allgemeinen eine prozessorinterne Fehlerbedingung, die den Eingriff von Systemsoftware erfordert und vom Prozessor nicht mehr selber behandelt werden kann.

1.1.14 Betriebsarten

Real-Mode:

Betriebsmodus der 80x86 Prozessoren, bei dem der Segmentwert einfach mit 16 multipliziert, und der Offset dazu addiert wird, um eine Speicheradresse zu erzeugen (16 × Segment + Offset). Es findet keine Zugriffsprüfung auf Code-, Datensegmente und den I/O Bereich statt.

Alle 80x86 Prozessoren, einschließlich Pentium, können im Real Mode betrieben werden.

Protected-Mode:

Betriebsmodus ab 286er, bei dem der Zugriff eines Tasks auf Code-, Datensegmente und I/O Bereich, selbstständig geprüft wird.

Die Adressbildung ist völlig inkompatibel zum Real-Mode. Real-Mode Anwendungen wie DOS können im Protected-Mode nicht laufen.

Virtual-Mode:

Betriebmodus ab 386, der Zugriffe wie im Protected-Mode prüft, aber die Adressbildung wie im Real Mode handhabt. Dadurch können Real-Mode-Anwendungen in einer geschützten Umgebung ablaufen.

Zusammen mit dem Paging sind mehrere Tasks parallel möglich.

1.1.15 Pipelining

Pipeline-Architektur:

Bei der Befehlsabarbeitung ist eine parallele Verarbeitung möglich, was sich besonders bei Langwortbefehlen auswirkt, weil dadurch die Rechenzeit verkürzt wird. Es können so viele Befehle auf einmal parallel abgearbeitet werden, wie die Architektur der Pipeline dies erlaubt.

Bei einer 3-teiligen Pipeline z.B. wird während der Prefetch-Phase (Befehlsvorhol-Phase) gleichzeitig ein weiterer Befehl bearbeitet. Der vorgeholte Befehl wird in die Einheit A geholt und schrittweise durch die Verarbeitungseinheit B nach C gebracht. In C liegt der Befehl vollständig decodiert vor und ist für die Steuereinheit zur Ausführung gültig. Befehle mit unmittelbaren Daten finden ihre Daten in B vor und können ausgeführt werden. Es wird also eine Funktionsausführung eingeleitet, noch bevor die gegenwärtige Funktion abgeschlossen ist.

1.1.16 Busschnittstelle

Neben anderen Bestandteilen enthält sie die Prefetch-Queue.

1.1.17 Ausführungseinheit

Die Ausführungseinheit ist für die Datenverarbeitung zuständig und enthält:

- die Steuereinheit
- die ALU
- verschiedene Register

1.1.18 Adressierungseinheit

Die Adressierungseinheit hat häufig noch eine Speicherverwaltungseinheit integriert. Sie besteht aus der Segmentierungseinheit und der Pagingeinheit.

1.1.19 Prefetch-Queue

Die Prefetch-Queue ist ein kleiner Zwischenspeicher in der CPU, in der der Prefetcher bereits die nächsten Befehle ablegt, bevor der Prozessor den gegenwärtigen Befehl abgearbeitet hat (Pipelining). Sie dient zur Entlastung des Bussystems und zur Vorcodierung der Befehle bei CISC-Prozessoren.

1.1.20 Operationen

Register-Register-Operationen:

Die Vielzweckregister dienen als interne Datenspeicher der CPU. Die Ausführungseinheit liest Werte aus diesen Registern und führt sie der ALU zu, um Berechnungen anzustellen. Das Ergebnis wird wieder in den Registern abgelegt.

Speicher-Speicher-Operationen:

Daten werden direkt aus dem Speicher gelesen und nach Verarbeitung wieder im Speicher abgelegt.

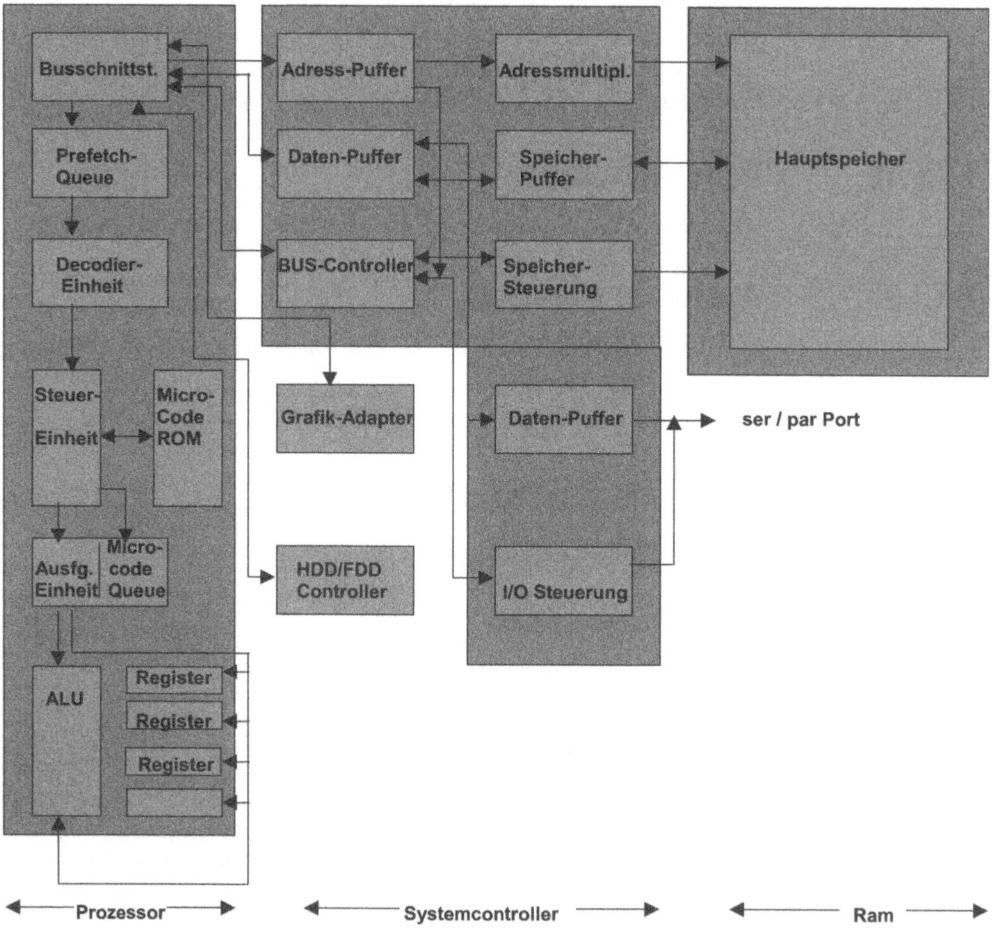

Abb. 2 Kommunikation zwischen Prozessor, Systemcontroller und RAM

1.1.21 Logische Speicheradressierung und Speicherzugriff

Codesegmentregister und Befehlszähler bilden die Adresse, aus der ein Befehl geladen werden soll (Befehlsfetching). Da die Adresse berechnet wird, nennt man diesen Vorgang auch eine indirekte Adressierung im Gegensatz zur direkten, bei der die physikalische Adresse ausgegeben wird. Bei der indirekten Adressierung können unterschiedliche Segmentadressen + Offsets die gleiche physikalische Adresse meinen. Damit kann der Prozessor diesen so adressierten Befehl einlesen und ausführen.

Am Code des Befehls erkennt der Prozessor, wie viele Bytes er einlesen muss. Nach der Ausführung des Befehls wird der Befehlszähler um die Zahl der Bytes inkrementiert, die der gerade ausgeführte Befehl aufwies. Das Paar Codesegment und Befehlszähler weisen dann auf den nächsten Befehl.

Beim Befehlsfetching spielen Prefetch-Queue und Busschnittstelle eine wichtigen Rolle. Befehle werden zuerst in die Prefetch-Queue eingelesen, die diese dann an die Befehlseinheit weiter gibt. Sind in der Prefetch-Queue durch die Weitergabe der Befehlsbytes an die Steuereinheit so viele Bytes frei geworden, wie der Datenbus breit ist, liest die Busschnittstelle entsprechend viele Bytes aus dem Speicher neu in die Prefetch-Queue ein.

Führt der Prozessor gerade einen Befehl aus, der keinen unmittelbaren Speicherzugriff erfordert, kann die Busschnittstelle die Prefetch-Queue nachladen, ohne dass die Abarbeitung des gerade aktiven Befehls behindert wird. Damit steht nach Beendigung der momentanen Arbeit des Prozessors sofort der nächste Befehl zur Verfügung und muss nicht extra aus dem Speicher nachgeladen werden. Allerdings hat der Speicherzugriff eines aktiven Befehls Vorrang.

Parallel zur Ausführung des aktiven Befehls und nach dem Nachladen der Prefetch-Queue decodiert die Befehlseinheit den nächsten Befehl und bereitet ihn für die EU (Execution Unit) zur Ausführung vor. Die Ausführungseinheit EU führt den Befehl nun in bestimmten Taktzyklen aus. Einfache Befehle benötigen zwei, umfangreichere Befehle bis zu 300 Taktzyklen.

Heute versucht man immer mehr unabhängige Schritte parallel auszuführen, um die Leistungsfähigkeit des Prozessors zu steigern. (Ein normaler Pentium (PI) besitzt 3 unabhängige Pipelines, die parallel arbeiten.)

1.1.22 Stack

Jedes Programm besitzt ein eigenes Stacksegment, auf dem der Wert eines Registers oder Speicherwortes abgelegt wird. Es können die Flags und alle Vielzweckregister auf dem Stack gespeichert und wieder entnommen werden.

Der Stack wächst bekanntlich von oben nach unten. Werden Daten auf dem Stack abgelegt, vermindert sich der Wert des Stackpointer.

Der Stackpointer ist ein Register, das Adressen der im Stack aufbewahrten Registerinhalte enthält. Der Stack kann zur Zwischenspeicherung von Daten benutzt werden, aber am häufigsten wird er zur Übergabe von Parametern an Prozeduren und Subroutinen benutzt. Auch Daten, die der Prozessor bei einem Interrupt zwischenspeichern muss, werden auf den Stack geschoben.

1.1.23 Datensegmentregister

Das Datensegmentregister ist immer dann wichtig, wenn ein Befehl Daten aus dem Speicher liest oder in ihm abspeichert, d.h., wenn Speicheroperanten betroffen sind. Der Offset des Speicheroperanten wird in einem Vielzweckregister bereitgehalten, und das Paar DS:Offset verweist auf den anzusprechenden Wert (indirekte Adressierung).

DS wird standardmäßig als das einem Offset zugeordneten Segmentregister verwendet. Wenn ein Wert in einem anderen Segment geschrieben oder gelesen werden soll, muss das Segmentregister DS durch ein Extrasegmentregister ersetzt werden. Die Daten des Codesegments sollten dabei nur ausführbar oder lesbar sein, nicht aber überschreibbar. Ein Überschreiben des Code führt zum Absturz der Programme. Nur ausführbare Daten sind zwar in die Prefetch Queue einlesbar, nicht aber in ein Vielzweckregister oder Segmentregister. Ein Programm kann also nicht im Sinne von Daten verwendet werden, die bearbeitet werden.

Die Verwendung verschiedener Segmente für Daten, Stack und Code gestattet eine Trennung der verschiedenen Abschnitte eines Programms.

(Wichtig im Protected Mode).

1.1.24 Real Mode, High Memory Area und Himem.sys

Da der 8086 in der Adressierungseinheit wegen seines 20 Bit breiten Datenbusses nur ein 20 Bit Addierer zur Verfügung steht, ist die ausgegebene Adresse auf 1 MB beschränkt. Segment- als auch Offsetregister haben eine Breite von 16 Bit. Damit ist ihr max. Wert jeweils gleich FFFFH (64 kB).

Wird die dem Real Mode zu Grunde liegende Operation für Adressbildung angewandt, so ergibt sich: Segment FFFFH × 16D (10H) = FFFF0H + Offset FFFFH = 10FFEFH = 1114095D / 1024 = 1.087 MB. Somit ergibt sich ein Adressbereich von 1 MB.

Bei einem 20 Bit Adressaddierer fällt die führende (1)0FFEFH als Übertrag weg und wird ignoriert. Es bleibt 0FFEFH als physikalische Adresse übrig. Diese fällt in das erste 64 kB Segment des Adressraumes (Wrap Around).

Da ab dem 386er aber ein 32 Bit breiter Datenbus, und damit auch ein 32 Bit Addierer in der Adresseinheit zur Verfügung steht, und damit lineare Adressen mit 32 Bit erzeugt werden können, wird die führende 1 hier nicht ignoriert, sondern es werden 21 Adressleitungen aktiviert. Aus diesem Grunde können die Adressen 100000H bis 10FFEFH angesprochen werden. Die 1 MB Grenze ist damit um 64 kB überschritten. Dieser Speicherbereich wird High-Memory-Area (HMA) genannt. Er ist für DOS und Programme, die im Real Mode laufen, über dem 640 kB Basisspeicher, eine 10% ige Speichererweiterung. Hier werden Teile von DOS und Treiber abgelegt, damit so viel wie möglich Chip-Speicher zur Verfügung bleibt.

Die Ausgabe der Adresse 10FFFFFH entspricht allerdings nicht einem echten 21 Bit breiten Adressbus, der ja bis 1FFFFFH adressieren kann.

Der Gerätetreiber HigMem.Sys wurde als Speichermanager für das HMA entwickelt, da auch Gerätetreiber wie Smartdrv.Sys und Ramdrive.Sys diesen Speicherbereich nutzen und es somit zu keiner Kollosion der Daten kommen kann.

Weiter gibt es einen Upper-Memory-Block (UMB). Im Bereich zwischen 640 kB und 1 MB, der für ROMs vorgesehen ist, aber nur selten auch von diesen belegt ist, gibt es, von modernen Speichercontrollern eingerichtet, ein 64 kB großes Fenster (EMS).

Ausführlichere Beschreibung, siehe Abschnitt 3.1.5 „Speicher-Bereiche im RAM“.

1.1.25 Paging

Allgemein:

Die Unterteilung eines großen virtuellen Adressraumes in kleinere physikalische Einheiten, den Pages (Segmenten).

Demand Paging:

Die Auslagerung der Pages eines Hauptspeichers auf einen externen Massenspeicher, wenn die Daten gerade nicht benötigt werden (swappen).

Möchte die CPU auf die ausgelagerten Daten zugreifen, so wird die gesamte Page wieder in den Hauptspeicher eingelesen und dafür eine gerade nicht benötigte Page ausgelagert. Dadurch kann ein wesentlich größerer virtueller Adressraum erzeugt werden, als physikalisch wirklich vorhanden ist. Nach Kombination von Segment und Offset zu einer linearen Adresse wird die so erhaltene lineare Adresse beim Paging in eine 10-Bit-Page-Directory-Adresse, eine 10-Bit-Page-Adresse und einen 12-Bit-Offset aufgespaltet.

Jede Page ist 4 kB groß, sodass der gesamte Adressraum beim Paging in 4 kB-Blöcke unterteilt wird.

1.1.26 Physikalischer Zugriff auf den Speicher

Um Daten aus dem Speicher lesen oder in diesen schreiben zu können, muss der Prozessor über seine Anschlüsse physikalisch adressieren (über den Adressbus) und die Daten übertragen (über den Datenbus).

Ein solcher Ablauf folgt einer streng definierten Abfolge von Adress-, Steuer- und Datensignalen. Der Prozessor stellt dazu die physikalische Adresse des Speicherobjekts nach Auflösung von Segmentierung und Paging über die Adresseinheit und die Busschnittstelle bereit. Die Signale des Prozessors werden nicht direkt zur Ansteuerung des Speichers oder des Systembusses verwendet. Vielmehr wird ein Bus-Controller dazwischen geschaltet, der alle Signale für das Speichersubsystem zur Verfügung stellt. Dieser Bus-Controller ist zusammen mit den Adress- und Datenpuffern sowie zusätzlichen Steuerschaltungen Bestandteil eines Systemcontrollers.

1.1.27 Waitstates

Kann der Speicher oder das Peripheriegerät innerhalb bestimmter Taktzyklen einen Schreib/Lesevorgang nicht abschließen, dann erhält die Speichersteuerung ein Ready* Signal (nicht fertig). Damit wird dem Prozessor signalisiert, dass er einen weiteren Zyklus einlegen soll, damit dem Speicher oder Peripheriegerät mehr Zeit gegeben werden wird, die Anforderung auszuführen.

Waitstates für Lesevorgänge können sich von solchen für Schreibvorgänge unterscheiden, weil DRAMs im Allgemeinen häufig schneller schreiben als lesen können.

Die Anzahl der Waitstates ist vom Ort abhängig.

Der Hauptspeicher läuft mit erheblich weniger Waitstates als der Video-RAM, der Bestandteil des Adressraumes ist.

Waitstates können bei älteren Boards mit Jumpern eingestellt werden. Bei neueren Boards werden für die jeweilige Situation flexible Waitstates benötigt, weswegen diese im BIOS eingestellt werden können.

1.1.28 I/O-Adressraum

Neben dem Speicherbereich gibt es noch den I/O-Adressraum.

Der Speicher- und der I/O-Bereich werden beide über den Adress- und Datenbus adressiert, wobei sich ein Zugriff nur durch ein anderes Signal unterscheidet. Der I/O-Bereich ist logisch nur mittels des Akkus, der Speicher dagegen mit allen Registern adressierbar. Die Segmentregister sind für den I/O-Bereich ohne Bedeutung.

Die Ports und der I/O-Bereich werden dazu verwendet, Register in Peripheriegeräten anzusprechen.

1.2 Funktionsweise von PC-Komponenten (Grundkonfiguration)

1.2.1 BIOS

In jedem PC befinden sich ein oder mehrere ROM's (elektronische Bausteine), in denen Informationen gespeichert sind, die die grundlegende Software für die Kommunikation mit der Hardware enthalten, das BIOS. Das BIOS enthält einen Programm-Code, der nach dem Einschalten des Rechners oder nach einem Reset ausgeführt wird. Es sorgt für die Initialisierung der Bausteine auf dem Mainboard und den Erweiterungskarten und bringt den Rechner in einen definierten Anfangszustand.

Das BIOS ist die erste Schnittstelle zwischen Soft- und Hardware.

Die verschiedenen Chipsätze auf den Boards benötigen eigene BIOS-Routinen.

Im BIOS können Einstellungen, die die Funktion bestimmter Hardware betreffen gemacht werden.

Das BIOS enthält außerdem die Variablen (Parameter) für:

- Festplattendaten (Anzahl der Zylinder, Köpfe und Sektoren der Festplatte)
- Laufwerke (3 1/2" und / oder 5 1/4")
- Grafikmodus (VGA, CGA, EGA etc)
- Keyboard
- Datum und Uhrzeit

Ins BIOS gelangt man, indem man folgende Tasten während des Bootens gedrückt hält:

AMI	ENTF
AWARD	STRG+ALT+ESC (ENTF)
PHÖNIX	STRG+ALT+S

Andere BIOSse haben andere Tasten-Kombinationen für den Zugang (Ausgabe auf dem Bildschirm beim Booten beachten). Manchmal ist auch ein Paßwort einzugeben. Ist das Paßwort des BIOS nicht bekannt oder bootet der PC nach dem Konfigurieren nicht, muss man den CMOS-RAM entladen (bei älteren Boards dementsprechenden Jumper auf dem Board kurzzeitig umstecken, oder ein entsprechendes Programm benutzen, mit dem das BIOS entladen werden kann), damit der PC aus den Grundeinstellungen des BIOS booten kann.

Es gibt sehr verschiedene BIOS Variationen. AMI, PHOENIX, AWARD sind die am weitesten verbreiteten auf dem Markt, deren mögliche Einstellungen im Board-Manual beschrieben sind.

Mehr Informationen zum BIOS unter http://www.bios-info.de/

Als Beispiel wird ein AWARD-BIOS in Abb. 1–6 dargestellt.

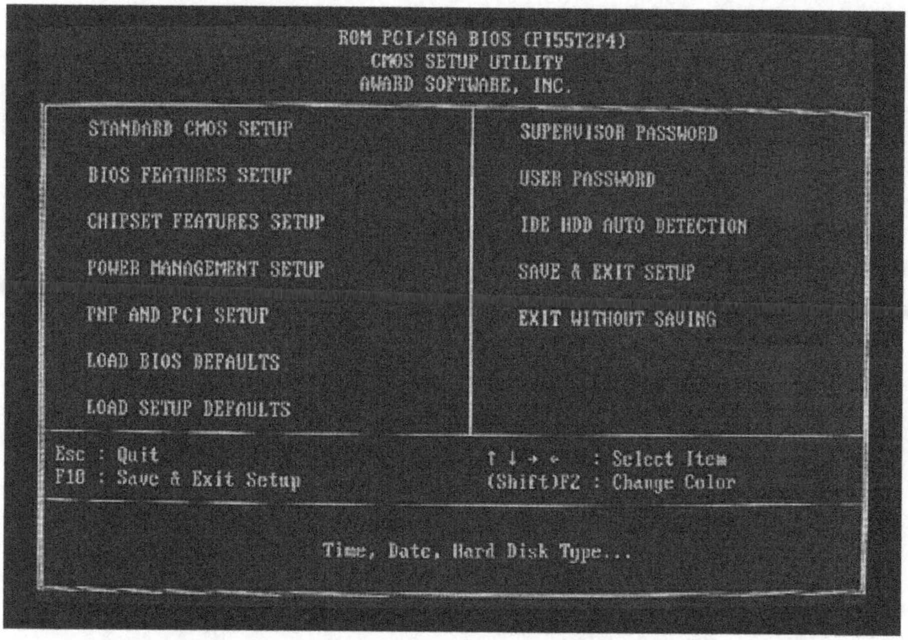

Abb. 1 AWARD BIOS Hauptmenü

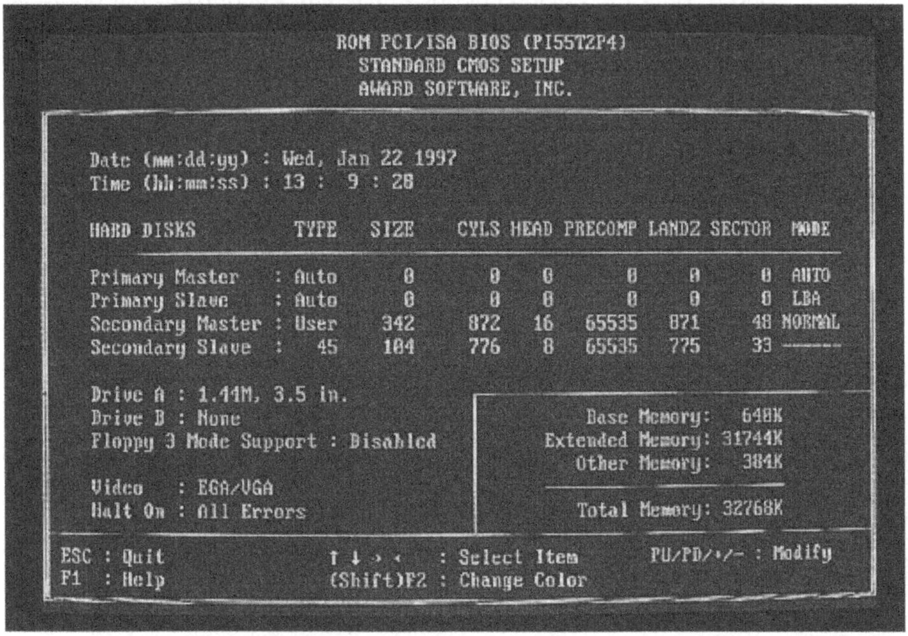

Abb. 2 AWARD BIOS Standard CMOS Setup

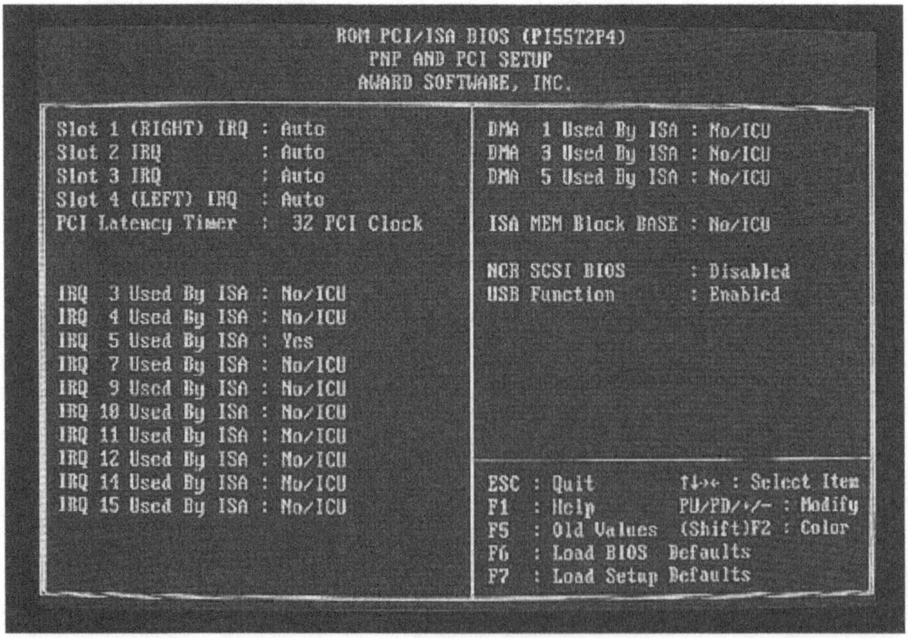

Abb. 3 AWARD BIOS PNP and PCI-Setup

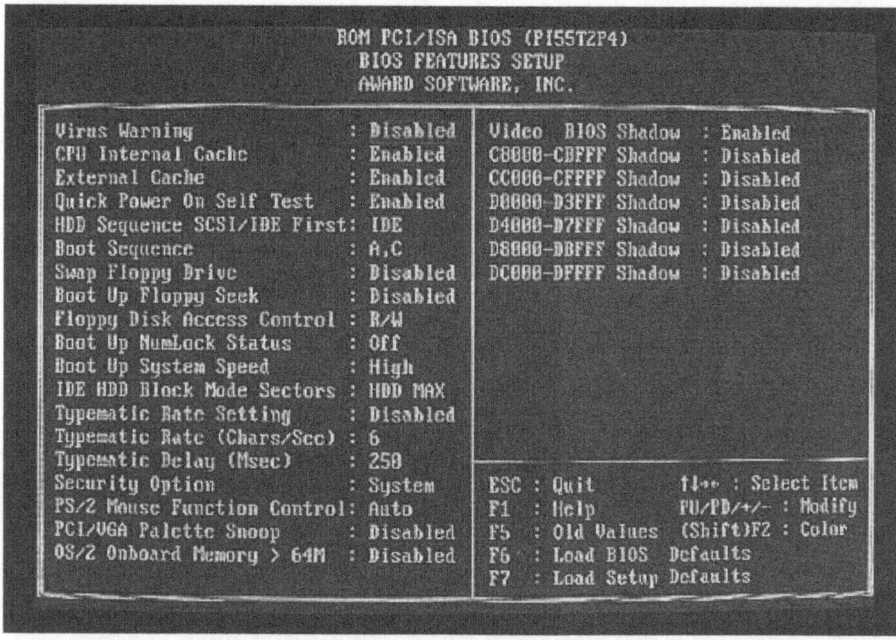

Abb. 4 AWARD BIOS BIOS Features Setup

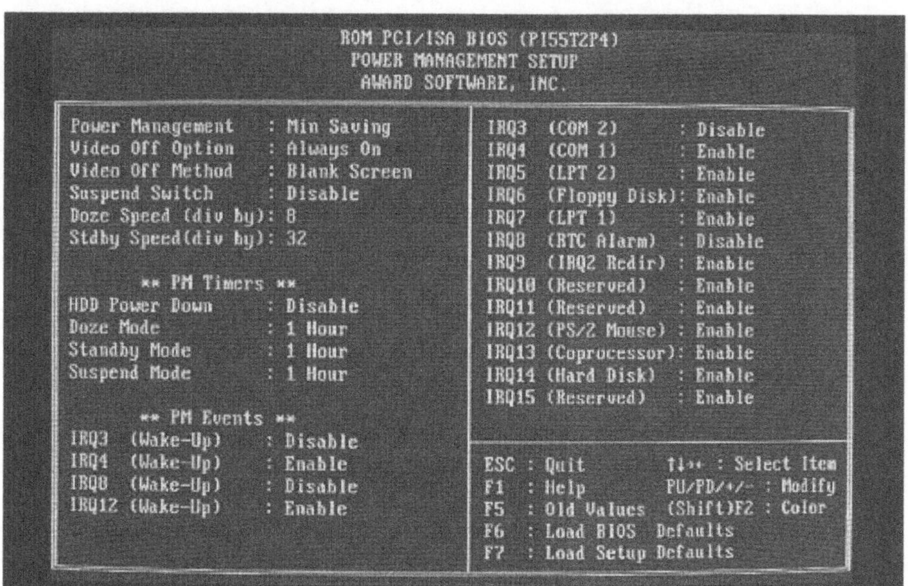

Abb. 5 AWARD BIOS Power Managment Setup

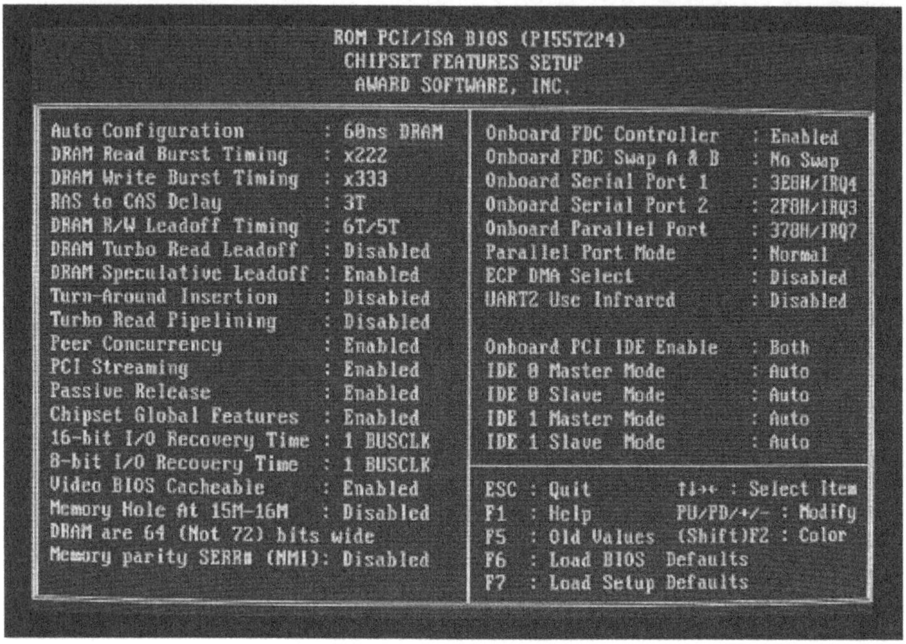

Abb. 6 AWARD BIOS Chipset Features Setup

1.2.2 Disketten-Laufwerk

Disketten-Laufwerke benötigen immer einen Controller, der die Kommunikation zwischen dem Laufwerk und dem Mainboard regelt. Dieser kann sich auf dem Mainboard befinden oder bei älteren PC's auch als Einsteckkarte vorhanden sein.

Funktion:

Ein Spindelmotor dreht die Diskette im Direktantrieb mit 360 U/Min selbstjustierend. Zwei Köpfe liegen im Direktkontakt auf (Köpfe nutzen sich ab).

Als Aufzeichnungsverfahren auf den Disks wird das MFM Verfahren gewählt. Zum Controller werden die Datenbits als Nullen und Einsen gesendet, die in magnetische Flusswechsel gewandelt werden müssen, um dann auf der Diskette gespeichert werden zu können. Dabei muss auch gekennzeichnet werden, wann ein Bit anfängt und wann es aufhört.

Das Taktsignal wird mit dem Datensignal aufgenommen.

Abb. 7 Disketten

5,25" 3,5"

Für jedes Bit steht ein gleich großer Bereich zur Verfügung. Bei jeder 1 wird in der Mitte des Bereichs ein Flusswechsel durchgeführt. Eine 0 beginnt am Anfang des Bereichs, aber nur dann, wenn das vorherige Bit keine 1 war. Dadurch ergibt sich eine Erhöhung der Datendichte gegenüber dem FM Verfahren um 100 %. Mit dieser Technik wurde die heutige Datendichte von 17 Sektoren a 512 Byte erreicht.

Die Speicherkapazität ergibt sich durch das Formatieren. Der Platz auf der Diskette wird von DOS in Spuren und Sektoren aufgeteilt. Die Spuren bestehen aus 40–80 Kreisen. Die Spuren werden durch die Sektoren in einzelne Abschnitte unterteilt.

Unter DOS beinhaltet ein Sektor 512 Byte.

Mechanische und elektronische Eigenschaften des Laufwerks bestimmen die Anzahl der möglichen Spuren, wobei die angegebene Dichte das ausschlaggebende Kriterium ist:

Horizontale Dichte =	Anzahl der möglichen Spuren pro Zoll, *TPI (Tracks per Inch)*
Lineare Dichte =	Datenaufnahmefähigkeit pro Zoll, *BPI (Bytes per Inch)*

Arten:

5 1/4"	max. Kapazität 1.2 MB (alte Disketten, die man heute kaum noch findet)
3 1/2"	max. Kapazität 1.44 MB

Abk. für Disketten:

Single Density	SD
Double Density	DD
High Density	HD

Die Speicherkapazität einer Diskette kann nach der folgenden Formel errechnet werden:

Spuren pro Seite × Sektoren pro Spur × Bytes pro Sektor × Anzahl der Seiten

1.2.3 Festplatte

Festplatten benötigen immer einen Controller, der die Kommunikation zwischen der Platte und dem Mainboard übernimmt.

Die Festplattenparameter (Anzahl der Zylinder, Köpfe und Sektoren) müssen im BIOS eingetragen werden. Es müssen Partitionen eingerichtet werden (FDisk). Die Festplatte muss formatiert werden (Format).

Partitionieren (FDisk):

Einteilen der Festplatte in physikalische und logische Laufwerke. Die Partitionen sind untereinander völlig unabhängig, sodass auf jeder Partition ein anderes Betriebssystem installiert sein kann. Eine Partition muss aktiv gesetzt werden, von dieser wird dann gebootet.

Funktion:

Die Platte wird wie bei Disketten in Spuren und Sektoren unterteilt. Mehrere Platten, die von beiden Seiten magnetisch beschichtet sind, stehen übereinander. Für jede Plattenseite existiert ein Magnetkopf. Alle Köpfe der Platte bewegen sich gleichzeitig. Die übereinander liegenden Spuren einer Platte bilden einen Zylinder.

Im Gegensatz zu Disketten rotieren die Platten ständig. Durch die hohe Geschwindigkeit (3600–7200 U/Min) schweben die Köpfe im Abstand von 0.00005 mm über der Platte. Während des Betriebes dürfen die Köpfe niemals die Platte berühren, da sonst ein Headcrash eintritt (die Festplatte ist unwiederbringlich zer-

Abb. 8 Festplatte

Abb. 9 Offene Festplatte

stört, deswegen darf ein Rechner nie im laufenden Betrieb transportiert werden). Erst beim Abschalten des PC's werden die Köpfe auf einer Parkspur abgesenkt.

Bei Festplatten (IDE, EIDE, SCSI) wird das RLL-Aufzeichnungsverfahren verwendet. Beim RLL-Verfahren erfolgt eine weitere Verringerung der Flusswechselrate, die sich aus einer Umkodierung der Daten ergibt. Zwischen zwei Einsen muss immer eine bestimmte Anzahl von Nullen stehen.

Eine weitere Steigerung gegenüber dem MFM-Verfahren um 50 % wurde damit erreicht, da mit diesem Verfahren nun 34 Sektoren pro Spur untergebracht werden können.

Die Kapazität einer Festplatte kann nach folgender Formel berechnet werden:

Anzahl der Zylinder × Sektoren pro Spur × Bytes pro Sektor × Anzahl der Köpfe

Cluster / Sektoren:

Die Gesamtzahl der Sektoren steht in Abhängigkeit zu den Clustern. Je nach Größe der Festplatte/Partition besteht ein Cluster aus verschieden vielen Sektoren.

Je größer eine Partition ist, umso größer sind auch die einzelnen Cluster die die Datenblöcke speichern. Wird eine 300 Byte große Datei auf einer 500 MB großen Partition gespeichert, so belegen diese 300 Byte 16 kB auf der Partition, was der Größe eines Clusters einer solchen Partition entspricht.

Partition in MB	FAT-Type	Cluster-Größe	Sektoren
0–15	12 Bit	4 kB	8
16–127	16 Bit	2 kB	4
128–255	16 Bit	4 kB	8
256–511	16 Bit	8 kB	16
512–1023	16 Bit	16 kB	32
1024–2048	16 Bit	32 kB	64

Eine große Festplatte sollte demnach in kleinere (500 MB große) Partitionen unterteilt werden, um keine Festplattenkapazität zu verschwenden (gilt nur für FAT-16-Datei-System oder FAT-32, nicht für NTFS unter NT).

Das FAT-System verwaltet Plattenplatz in Clustern, dadurch können unter Windows95/DOS mit FAT16 nur Partitionen bis 2 GB verwaltet werden. Neueres Win95/98 kann mit FAT32 arbeiten. Dadurch sind Partitionen mit größeren Kapazitäten ansprechbar (theor. bis 2 TB). Hier verändert sich aber auch die verwendete Cluster-Größe (Partition bis 8 Gb = 4 kB, darüber = 8 kB Cluster.

Es besteht ein Versatz zwischen den Sektoren in den Spuren, damit die Schreib-/ Leseköpfe sicher in die Sektoren kommen (die Sektoren haben am Ende eine Lücke, welche der Sicherheitsabstand zum nächsten Sektor ist).

Dieser Versatz macht die Low-Level-Formatierung aus.

Bei der Low-Level-Formatierung werden Spuren und Sektoren gelegt, die vom Format-Befehl nur nachgezeichnet werden. Zu

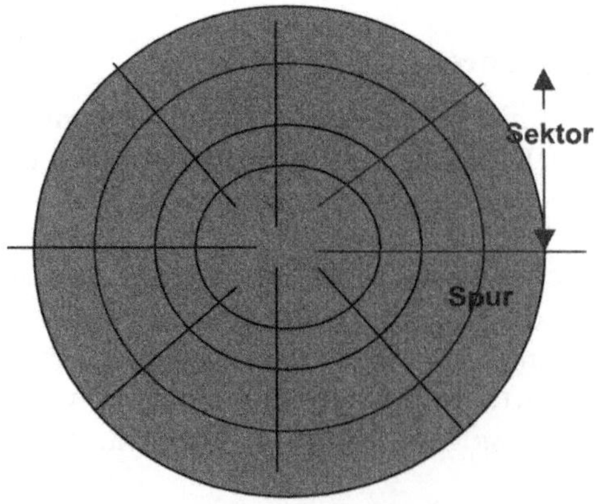

Abb. 10
Sektoren und Spuren

dem werden schlechte Sektoren gekennzeichnet, die nicht mehr zum Datenspeichern benutzt werden.

Beim Format-Befehl kommt noch das Anlegen des Belegungsplanes (FAT (File Allocation Table)) hinzu.

Achtung: Eine IDE / EIDE Platte sollte niemals Low-Level formatiert werden, da dies vom Werk her schon geschehen ist und die Platte zerstört werden könnte.

Meldet eine Festplatte beim normalen Formatieren defekte Cluster und Sektoren in einem bestimmten Bereich, der unzumutbar nahe am Anfang oder in der Mitte der Platte liegt, kann man entweder die Platte in einer kleineren Partition weiter verwenden oder dennoch eine Low-Level-Formatierung versuchen. Das Programm MAXLLF ist eigentlich für Maxtor-Festplatten gedacht, kann aber auch für andere Platten verwendet werden. Es bietet eine 50:50-Chance, die Platte wieder ganz zu reparieren, oder aber die Platte ist danach völlig zerstört.

Interleavefaktor:

Insbesondere bei älteren PC's können die Sektoren nicht nachfolgend physikalisch durchnummeriert werden, sondern nur logisch nummeriert werden.

Interleave 1:1 = Sektoren nacheinander nummeriert

Interleave 1:2 = jeder 2. Sektor erhält die nächste Nummer

Interleave 1:4 = jeder 4. Sektor erhält die nächste Nummer

Müssen 17 Sektoren gelesen werden können, muss sich die Platte 4× drehen bis alle Sektoren einer Spur gelesen sind. Dies hat Auswirkungen auf die Übertragungsrate.

IDE, EIDE und SCSI Platten haben einen Interleave-Faktor von 1:1, weil hier Festplatte und Controller als eine Einheit zu verstehen ist.

Achtung: Die Festplatte beeinflusst sehr stark die Performance eines PC's.

In diesem Zusammenhang sind die Datenübertragungsraten und Umdrehungsgeschwindigkeiten einer Festplatte wichtige Kriterien, die sich für das Schreiben/Lesen von Daten unterscheiden können.

PIO-Mode:

PIO-Modes sind Datenübertragungsraten.

Moderne EIDE-Festplatten unterstützen alle die schnellen PIO-Modes 3 oder 4. Allerdings muss auch der Controller den entsprechende PIO-Mode benutzen, um in den Genuss dieser größeren Datenübertragungsraten zu kommen. Sollte dies der Fall sein, muss der entsprechende PIO-Mode im BIOS eingestellt werden (manchmal macht das BIOS dies aber auch automatisch).

Meistens wird der hohe PIO-Mode aber nur vom Primary-Port unterstützt.

LBA (logische Blockadressierung):

EIDE-Platten bieten die Möglichkeit, den LBA-Modus zu benutzen. Dabei wird die umständliche Adressierung von Daten über Zylinder, Köpfe und Sektoren umgangen, in dem mit einer logischen Blockadressierung gearbeitet wird.

Auch dieser Modus muss im BIOS eingestellt werden.

Achtung: Bei Platten über 504 MB wird die Plattengeometrie oft so umgerechnet, dass mehr Köpfe und dafür weniger Zylinder in BIOS erscheinen als die Platte wirklich hat (Platte 1 GB = 32 Köpfe, Platte 2 GB = 64 Köpfe).

UDMA (Ultra-ATA /33 /66 /100):

Eine neuere Technologie im Festplattenbereich stellt UDMA dar, das Nachfolgeprotokoll des PIO-Modes. Ultra-DMA (Direct Memory Access) ermöglicht es der Festplatte, über den DMA-Controller ohne eine Beteiligung des Prozessors direkt in den Arbeitsspeicher zu schreiben. Über UDMA können sehr viel höhere Datenübertragungsraten erzielt werden, als dies mit PIO-Modes der Fall ist. Die höheren Datenübertragungsgeschwindigkeiten beziehen sich aber nur auf die EIDE-Schnittstelle, nicht etwa auf die Festplatte selber. UDMA-Mode2/33 erzielt theoretische Datenübertragungsraten von 33 Mbyte/s und damit ungefähr das Doppelte wie PIO-Mode4, UDMA-Mode4/66 dementsprechend 66 Mbyte/s. Zwischenzeitlich sind Standards mit 100 Mbyte/s auf dem Markt.

UDMA bedingt entweder ein dafür ausgelegtes Mainboard, welches die entsprechende Schnittstelle beinhaltet und auch über einen Chip-Satz verfügen muss, der mit UDMA umgehen kann, oder eine PCI-Karte mit der entsprechenden Schnittstelle, auf der ein eigenes BIOS integriert ist. Die alte EIDE-Schnittstelle kann dann aber auch noch für CD-ROM, ZIP-Laufwerke, etc. weiter benutzt werden. Des Weiteren sind neue 80-polige Flachbandkabel nötig, die aber nur 40-polige Stecker am Ende haben und damit abwärtskompatibel sind. Da die neuen Kabel andere PIN-Belegungen haben, sind zur Unterscheidung an den 40-poligen Steckern für das 80-adrige Kabel verschiedene Farben angebracht: Schnittstelle blau, Master schwarz, Slave grau. Des Weiteren muss der Festplatten-Treiber die Schnittstelle als BUS-Master ansprechen können. Auch das BIOS muss für UDMA ausgelegt sein, da dieses überprüfen muss, ob ein 80-adriges Kabel vorhanden ist, um UDMA-Modi zuzulassen. Auch UDMA-Festplatten können die zu verwendenden Modi an das BIOS melden.

An normalen EIDE-Schnittstellen lassen sich UDMA-Festplatten betreiben und an UDMA-Schnittstellen lassen sich normale Festplatten betreiben, was aber natürlich keine Vorteile bringt.

1.2.4 Festplatten- / Laufwerks-Controller

Diskettenlaufwerke und Festplatten benötigen immer einen Controller, der die Kommunikation zwischen den Laufwerken und dem Mainboard regelt. Festplatten- / Laufwerks-Controller übernehmen die Codierung- bzw. Decodierung der Daten von elektrischen Impulsen in magnetische Flusswechsel.

IDE-Controller:

Der Festplatten-Controller-Chip befindet sich nicht am Controller, sondern auf der Elektronik der Festplatte. Auf dem Controller befinden sich nur ein Baustein für die Adresskodierung für die Portadressen sowie Adressentreiber- und Datentreiberbausteine.

IDE-Controller sind für zwei Festplatten und zwei Floppys ausgelegt. Oder statt der 2. Festplatte kann auch ein CD-ROM verwendet werden, das den ATAPI Standard verwendet (Attachment Packet Interface, stellt eine Möglichkeit dar, verschiedene Laufwerke an IDE-Controllern zu betreiben). IDE-Controller befinden sich nur noch in älteren PC's (bis 486er Prozessor), meist als Einsteckkarten.

EIDE-Controller:

Wie IDE-Controller, nur hat ein EIDE-Controller zwei Festplatten-Ports (Primär- und Sekundär-Port). Beide Ports sind nicht gleichwertig, und welche Laufwerkskombination an welchem Port zu

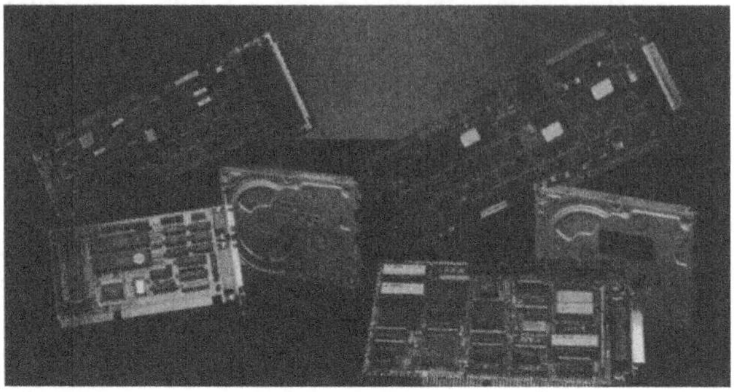

Abb. 11 Laufwerks-/FestplattenController als Einsteckkarten

lässig ist, muss der Dokumentation entnommen werden (sofern sie sich nicht darüber ausschweigt, was meistens der Fall ist), sodass insgesamt vier Festplatten (muss vom BIOS unterstützt werden) und zwei Floppys oder zwei Festplatten, zwei CD-ROM's (ATAPI) (andere Kombinationen möglich) und zwei Floppys angeschlossen werden können.

Achtung: Festplatten- / Laufwerkscontroller sind bei modernen Boards keine einzelnen Steckkarten mehr, sondern fester Bestandteil des Mainboards. Laufwerkscontroller für UDMA-Festplatten können aber wieder für den PCI-Bus erhalten werden.

SCSI-Host-Adapter:

Ein SCSI-Controller ist kein reiner Laufwerks-Controller, sondern eine Geräteschnittstelle (siehe Abschnitt 1.2.9 „Schnittstellen"). An einen SCSI-Host-Adapter können bis zu 15 Geräte angeschlossen werden. Hierbei kann es sich um Festplatten, Scanner, CD-ROM's, etc. handeln.

Das SCSI-System stellt eine eigene intelligente Schnittstelle (Verbindung vom Systembus zur Peripherie) im PC dar.

1.2.5 Maus

Funktion:

Eine gummibeschichtete Stahlkugel rollt zwischen zwei kleinen Rollen, die sich in der X- und Y-Richtung bewegen und je eine kleine Lochscheibe in Bewegung setzen, die je eine Lichtschranke unterbrechen. Die so erzeugten Impulse werden von der internen Elektronik in serielle Daten umgewandelt und auf die se

Abb. 12 Maus

rielle Schnittstelle des PC geleitet. Die Versorgungsspannung wird aus der Schnittstelle entnommen, da diese sehr gering ist.

Für die Verwendung der Maus muss ein Maustreiber geladen werden, welcher die seriellen Daten in Bewegung auf dem Bildschirm umsetzt. Windows erledigt dies automatisch. DOS benötigt eigene Treiber.

Mäuse werden meistens an Com-Ports oder einem PS/2-Anschluss betrieben. Aber auch USB ist möglich.

Softwaretreiber sind meistens:

MOUSE.SYS (Wird unter DOS in der Config.sys verwendet) und MOUSE.COM (Wird unter DOS in der Autoexec.bat verwendet).

Das Treiberprogramm muss zur verwendeten Grafikkarte passen, da der Cursor der Maus vom Grafikmodus abhängt. (Bildschirm dunkel oder wirre Zeichen = falscher Maustreiber)

1.2.6 Netzteil

Das Netzteil versorgt alle im PC vorhandenen Komponenten mit Spannung.

Das Mainboard wird mit den zwei Steckern P8/P9 (bei älteren Boards) oder einem ATX-Stecker mit Spannung versorgt. (Es ist bei P8/ P9 darauf zu achten, dass die schwarzen Kabel (Masse) immer in der Mitte sind. Ansonsten ist mit der Zerstörung des Mainboards zu rechnen).

Bei allen anderen Komponenten im PC muss nur auf die entsprechende Größe der Stecker geachtet werden. (Adapterkabel sind möglich, übrigens auch von P8/P9 zu ATX). Die Stecker lassen sich meistens nur auf eine bestimmte Art auf die Komponente setzen, sodass eine Verpolung nur mit Gewalt entstehen kann.

Tabelle für die Netzteilkabel						
Kabelfarbe	**Rot**	**Weiß**	**Gelb**	**Blau**	**Schwarz**	**Orange**
Spannung	+5 V	–5 V	+12 V	–12 V	Masse	Power Good
Strom	20 A	0.5 A	8 A	0.5 A		
Watt	100 W	2.5 W	96 W	6 W		
Versorgt	Mainboard	Modem	Festplatte	Dat.Kart.		
	neue LWs		alte LWs			

Minusspannungen werden bei neueren Mainboards nicht mehr genutzt.

Das Netzteil ist gegen Übertemperatur, seine Ausgänge gegen zu hohe Spannungen (wenn +5 V, bzw. +12 V um 200 % überstiegen werden) und Ströme (wenn die Ströme um 130 % überstiegen werden) geschützt. Das Netzteil schaltet ab und kann erst wieder eingeschaltet werden, wenn die Fehlerquelle beseitigt ist.

Achtung: Im Inneren des Netzteils können Spannungen bis weit über 1000 Volt auftreten. Fachunkundige sollten ein Netzteil niemals öffnen.

Im Grundsatz gilt:

Kleine Gehäuse = schwache Netzteile

Slim Line, Desktop, Mini Tower:	200 W Netzteil
Midi Tower, Tower:	230–300 W Netzteil

1.2.7 Tastatur

Die Übertragung der Daten zwischen Tastatur und Rechner erfolgt seriell. Deswegen werden viel ein 5-poliges Kabel (HiFi-Technik) oder ein PS/2-Anschluss verwendet. Auch USB kann für den Anschluss verwendet werden, wenn die Tastatur dafür ausgelegt ist.

Während der Initialisierungsphase (Hochfahren des Computers in einen vordefinierten Anfangszustand) des Computers, wird der Controller in der Tastatur durch einen Impuls auf der Resetleitung in seinen definierten Anfangszustand versetzt. Neueren Computern genügt die angelegte Netzspannung für den Reset.

Abb. 13 Tastatur

Funktion:

Wird eine Taste gedrückt, schließt ein Kontakt, der sich unter der Taste befindet. Die Tasten sind in einer Matrix in Reihen und Spalten angeordnet. Schließt ein Kontakt, wird eine Reihe mit einer Spalte verbunden. Die Auswertung dieser Information wird durch den Tastatur-Controller vorgenommen, der hieraus den Tastatur-Scan-Code generiert und die Information an den PC sendet. Im PC gelangen die Signale an einen Portbaustein.

Durch die Tastenbetätigung wird ein Interrupt im PC ausgelöst, der den Tastaturtreiber aufruft. Ein Treiber ist fest im BIOS-ROM abgelegt, der der amerikanischen Tastaturbelegung entspricht.

Jedes Land hat seinen speziellen Treiber, der als Software im Betriebssystem existiert (Deutschland = Keyb GR). Dieser speicherresidente Treiber wandelt den empfangenen Code in eine ASCII Nummer um.

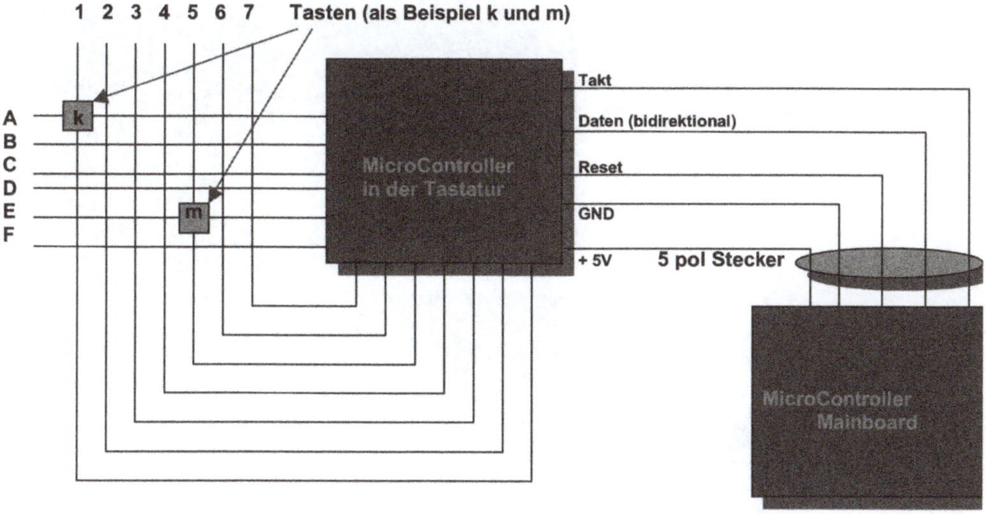

Abb. 14 Tastatur (Blockbild)

Tastatur-Controller-Aufgaben:

Selbsttest während des POST (Num Lock, Caps Lock, Scroll Lock Dioden leuchten auf).

Zwischenspeicherung des Tastaturcodes.

1.2.8 Grafikkarte

Ein Monitor benötigt immer eine Grafikkarte, die die analogen / digitalen Signale verarbeitet. Die Grafikkarte sorgt mit ihrem Bildspeicher dafür, dass das Bild auch stehen bleibt. Dieses wirkt erst ruhig, wenn es mit mindestens 50 Hz auf den Bildschirm geschrieben wird (besser 70 Hz).

Der Bildspeicher wird wie jeder andere Speicher im PC adressiert. Grafikkarten sind mit einem speziellen Chip, dem Grafik-Controller, ausgestattet.

Funktion:

Der Prozessor berechnet die Bildinformationen und schickt diese über den Bus des Rechners an den Grafikchip der Grafikkarte, eine Art Verwalter für die Bildschirmdaten. Der Grafikchip wiederum legt die Bildschirmdaten als digitales Abbild des späteren

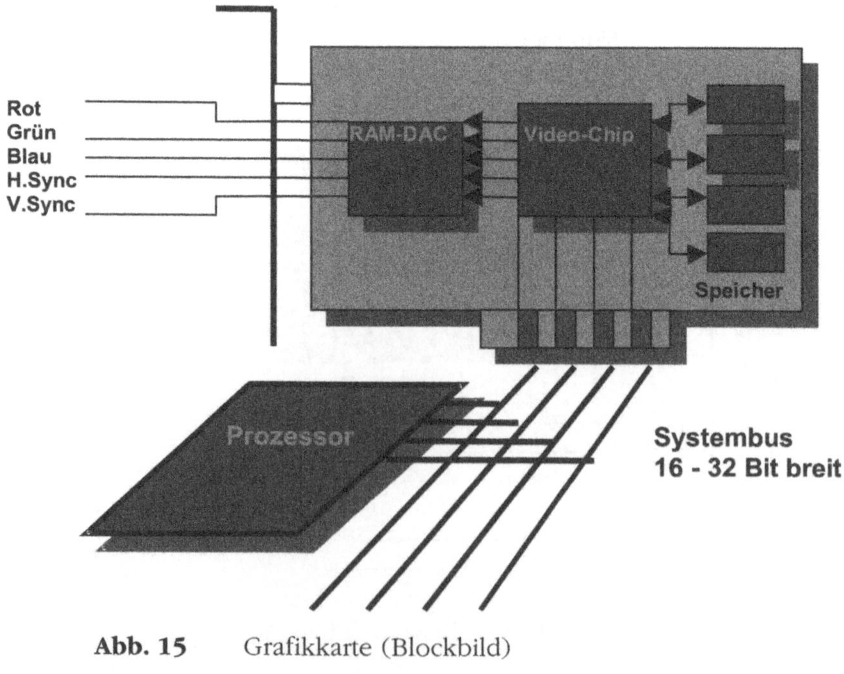

Abb. 15 Grafikkarte (Blockbild)

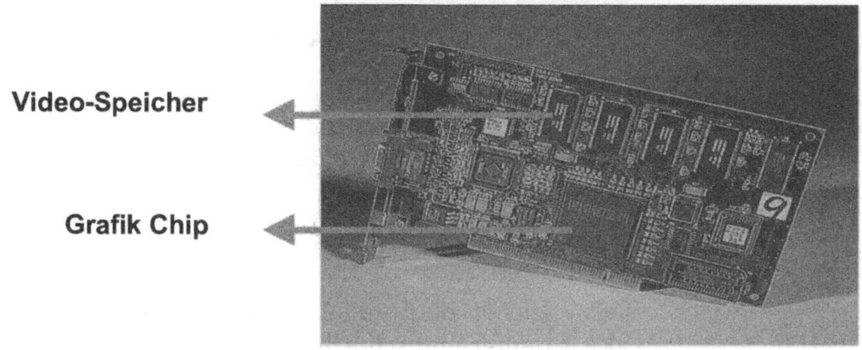

Abb. 16 Grafikkarte

Screens im Videospeicher ab. Dort entsprechen dann die Speicherzellen einzelnen Bildpunkten oder Teilen davon.

Moderne Grafikchips leiten nicht nur Prozessordaten an den Videospeicher weiter, sondern können selbstständig Grafikfunktionen ausführen. Dazu erhalten sie vom Prozessor die entsprechenden Befehle.

Für die eigentliche Bilderzeugung sorgt dann ein weiteres Bauteil, der so genannte RAMDAC. Er liest den Videospeicher aus und verwandelt die darin gespeicherten Zahlenwerte in analoge Signale für den Monitor.

Die Grafikkarte ist für die Bildwiederholfrequenz zuständig. *Bei höchster Auflösung sollten 75 Hz nicht unterschritten werden.*

Zwischen der Auflösung, dem Videospeicher und der Anzahl der Farben besteht folgende Abhängigkeit: Je mehr Speicher, umso größer kann die Auflösung und die Anzahl der darzustellenden Farben sein.

Beispiel:

Auflösung von 640 × 200 = 128000 Bildpunkte, die je zu einem Bit gespeichert werden. 8 Bit = 1 Byte → 128000 / 8 = 16 kB.

Bei einer geringeren Auflösung von 320 × 200 kann so Farbe dargestellt werden, denn es werden nur 8 kB Speicher benötigt, sodass für jeden Bildpunkt 2 Bit zur Verfügung stehen. 2 Bit (2^2) ergeben 4 Möglichkeiten (00, 01, 10, 11), was bedeutet, dass jeder Punkt mit 4 Farben belegt werden kann.

Grafikkarten und ihr verwendetes Signal:

VGA (RGB – analog), SVGA (RGB – analog)

RAMDAC:

D/A-Wandler, der die digitale Information vom Rechner in RGB-Signale wandelt.

VIDEORAM:

Der Speicher der Grafikkarte kann aus DRAM (billiger), aus VRAM (teurer und schneller) oder aus SGRAM (noch teurer und noch schneller) bestehen. Zwischenzeitlich sind auch Grafikkarten mit DDR-RAM am Markt (siehe 1.2.12, RAM-Speicher).

VRAM:

DRAM verfügt über einen einzigen Datenport, über den die Kommunikation zwischen CPU und RAMDAC erfolgt. VRAM's sind im Prinzip wie DRAM's aufgebaut, verfügen aber über zwei Datenports. Dadurch ist es möglich, gleichzeitig Daten vom Bus zu empfangen und die zuvor vom Bus empfangenen Daten zum RAMDAC auszugeben.

SGRAM (Synchronous Graphic Random Access Memory):

SGRAM's sind DRAM's, die für Grafikkarten verwendet werden, die mit höheren BUS-Taktfrequenzen arbeiten. Dabei synchronisieren sie sich mit dem CPU-BUS-Takt (für sehr schnelle Grafikkarten z.B. AGP).

AGP (Accelerated Graphics Port):

Beim AGP handelt es sich um einen speziellen Grafik-Port (Slot), der entwickelt wurde, um große Datenmengen, die beim Darstellen von 3D-Grafiken auftreten zu bewältigen. Da 3D immer mehr in die Computer-Grafik Einzug hält, wird ein PCI-Port in absehbarer Zeit ein Engpass für diese Datenmengen darstellen.

AGP ist so aufgebaut, dass ein sehr schneller Datenaustausch mit der CPU erfolgt, wobei über BUS-Takte von 66 MHz die doppelte bis vierfache Geschwindigkeit in Bezug auf PCI-Slots erreicht werden kann.

Unterschieden wird in:

AGP 1x Dies ist der verdoppelte PCI-BUS-Takt, der mit 266 MB/s auch den doppelten Datentransfer wie PCI liefert (theoretisch).

AGP 2x Da hier die aufsteigende und die abfallende Taktflanke benutzt wird, kann ein Datentransfer von 528 MB/s erreicht werden (max. Bandbreite des RAM's). Billigkarten verwenden meistens nur den 1x-Modus, und ob der 2x-Modus benutzt wird, hängt weiterhin vom Hersteller ab.

AGP 4x Der 4x-Modus soll den Engpass beim Speicherzugriff beseitigen, wobei theoretisch 800 MB/s Datentransfer erreicht werden können.

Grafikinterleave:

DRAM's werden in zwei Bänken organisiert. Bank 1 erhält die geraden und Bank 2 die ungeraden Adressen. So kann ein Byte zum RAMDAC ausgegeben werden, während das andere gerade adressiert wird.

1.2.9 Schnittstellen

Die IDE-Schnittstelle:

Der Grundgedanke ist, die Elektronik von einem Controller auf die Festplatte zu setzen. Damit wird der Bus zur Festplatte hin verlängert. Auf dem Controller sind dann nur noch ein Controller-Baustein für Disketten-Laufwerke, eine Adresskodierung für die Port-Adressen und Daten- und Adressentreiberbausteine.

Meistens wird ein Combi-Controller als Einsteckkarte verwendet, der außerdem auch noch die serielle- und parallele Schnittstelle zusätzlich auf der Karte hat.

Vorteile:

- Einfache Konfiguration der Platte,
- Datenverarbeitung parallel.

Nachteile

- Nur 2 Platten können betrieben werden (Master und Slave),
- max. Speicherkapazität 528 MB (ohne Treiber),

- Bus-Timing ist nicht einheitlich,
- Betriebsart muss über Jumper gesteckt werden,
- Eintragungen im BIOS sind notwendig,
- wenn viele Einsteckkarten benutzt werden, kann es zu Störungen kommen.

Der Bus-Takt darf bei IDE-Platten nicht größer als 10 MHz sein.

Die EIDE-Schnittstelle:

Weiterentwicklung der IDE-Schnittstelle.

Es wird ein EIDE-Controller benötigt und das Betriebssystem muss mit Hilfe des BIOS eine entsprechende Laufwerkstabelle verwalten können.

Vorteile:

- Erhöhung der verwalteten Köpfe auf 255,
- dadurch 8,4 GB Adressierung möglich,
- hohe Übertragunsgrate (je nach PIO-Mode, UDMA-Level).

Die SCSI-Schnittstelle:

Sie ist keine reine Festplattenschnittstelle, sondern eine logische busorientierte Geräteschnittstelle, an welcher sich bis zu 15 Geräte über einen HOST-Adapter betreiben lassen (CD-ROM, Scanner, Streamer, Festplatten, Bandlaufwerke, etc.). Die Geräte werden alle mit dem SCSI-BUS verbunden. SCSI beinhaltet aber auch ein Protokoll. Ein eingeschränktes SCSI-Protokoll wird ATAPI (IDE/EIDE) genannt und läuft über den phys. ATA-BUS.

SCSI-Computer sind meistens Server oder WS's im High-End-Bereich, da SCSI hohe Übertragungsraten bietet. SCSI-2 verfügt sogar über mehrere Möglichkeiten der Datenübertragung im parallelen Bereich (Flachbandkabel). SCSI-Flachbandkabel werden zur parallelen Datenübertragung in 2 Breiten verwendet:

- über ein 50-poliges Kabel (A-Kabel) mit einer BUS-Breite von 8 Bit
- über ein 68-poliges Kabel (P-Kabel) mit einer BUS-Breite von 16 Bit (WIDE-SCSI)

In SCSI-3 sind zusätzlich noch serielle Datenübertragungen möglich, die über Fibre Channel oder Fire Wire realisiert werden.

SCSI-3 mit Fibre Channel wird schon seit einiger Zeit in RAID-Systemen eingesetzt.

Positiv

- Geräte verfügen über eigene Prozessoren und Speicher,
- sehr hohe Übertragungsraten,
- der Prozessor des PC muss sich nicht mehr um Zylinder, Köpfe und Sektoren kümmern (macht die Platte selber),
- keine Eintragungen im BIOS,
- SCSI-Platte hat einen eigenen Cache-Speicher,
- nur eine Einsteckkarte (HOST-Adapter) für viele Geräte (Slots bleiben frei),
- es wird automatisch erkannt, wie viele und welche Geräte angeschlossen sind,
- schnelle und langsame Geräte können gleichzeitig am BUS verwendet werden, ohne dass ein Gerät ein anderes ausbremst, wie das bei IDE/EIDE der Fall ist.

Negativ

- max. Datenkabellänge 3–6 m,
- viele Hersteller von Geräten empfehlen eigene HOST-Adapter.

In PC-Systemen werden meistens bis zu 4 SCSI-Hostadapter akzeptiert, die mehrere SCSI-Kanäle haben können. Jeder Hostadapter kann – je nach Art (Standard-SCSI oder WIDE) – 7 bzw. 15 Geräte pro SCSI-Kanal an den SCSI-BUS angeschlossen haben.

SCSI-Geräte müssen über eine Geräte-ID (0-7 Standard, 0-15 WIDE) verfügen, die meistens über Jumper auf den Geräten eingestellt werden muss. Eine ID darf nur einmal im gesamten BUS vorkommen. Hostadapter müssen meistens die höchste zu vergebene ID besitzen, was auch oft ab Werk schon voreingestellt ist (also 7 für Standard bzw. 15 für WIDE). Die ID wird in Binärwerten mittels Jumper eingestellt (000b=0, 001b=1, 010b=2, 011b=3, etc.).

Es müssen Terminierungswiderstände am Anfang und am Ende des SCSI-Stranges gesetzt werden, die auf den Geräten selber enthalten sind. Host-Adapter verfügen oft über eine automatische Terminierung. Terminierungen sind End-Widerstände, die den

BUS abschließen müssen. Sind alle Geräte im PC intern vorhanden, sind dies der Hostadapter und meistens ein Gerät am Ende des SCSI-Kabels. Abschlusswiderstände, die direkt an einem Stecker des SCSI-Kabels angebracht werden, sind möglich. Sind interne und externe Geräte vorhanden, liegt der Hostadapter in der Mitte des BUSSES und darf nicht terminiert werden. Nur Geräte an den Kabelenden dürfen terminiert werden.

SCSI-Standards und Übertragungsraten (parallel)

Busbreite	Kabel	Standard-SCSI in MByte/s	Fast-SCSI in MByte/s	Fast-20-SCSI = Ultra-SCSI in MByte/s	Fast-40-SCSI = Ultra2-SCSI in MByte/s	Fast-80-SCSI = Ultra3-SCSI in MByte/s
8 Bit	A-Typ	5	10	20	40	80
16 Bit (WIDE)	P-Typ	10	20	40	80	160

Fibre-Channel-SCSI wird über Glasfaser oder Koaxialkabel realisiert und erreicht Datenübertragungsraten bis zu 100 Mbyte/s.

SCAM (SCSI Configured Automagically)

SCSI verfügt schon fast immer über den Standard, der heute Plug&Play (PnP) genannt wird. Voraussetzung sind natürlich PNP-fähige Einsteckkarten und ein PnP-fähiges Betriebssystem. Beim Einschalten der Geräte werden automatisch alle Adressen abgefragt. Diese werden dann konfliktfrei mit Identitätsadressen versehen. Auch die Terminierung erfolgt dabei automatisch. Eine Abwärtskompatibilität mit älteren vorhandenen SCSI-Installationen ist auch gegeben.

SCSI-BIOS

SCSI-Adapter verfügen über ein eigenes BIOS, in dem u.a. Einstellungen zu Datenübertragungsraten, Verwendung von PnP, Bootplatten-Optionen, etc. gemacht werden können. Nachfolgend die wichtigsten Einstellungen eines Adaptec-SCSI-Adapters:

SCSI DISK UTILITIES

Angeschlossene Geräte werden nach ihren Ids gescannt. Platten können formatiert oder einer Oberflächenüberprüfung unterzogen werden.

CONFIGURE/VIEW HOST ADAPTER SETTINGS
- SCSI BUS INTERFACE DEFINITIONS
  - ID des Host-Adapters setzen
  - Aut. Terminierung des Host-Adapters einstellen

ADDITIONAL OPTIONS
- BOOT DEVICE OPTIONS
  - ID, von der gebootet werden soll einstellen
- SCSI DEVICE CONFIGURATION
  - Datentransferraten einstellen
- ADV. CONFIGURATION OPTIONS
  - Support für höheren Datentransfer einstellen

Die I/O-Schnittstelle:

Diese Schnittstelle beinhaltet eine serielle und eine parallele Schnittstelle.

Während die parallele Schnittstelle (Centronics) meistens nur in einer Richtung betrieben wird (kann auch bidirektional betrieben werden, z.B. zum Drucker), wird die serielle Schnittstelle (RS232-C oder V24/V28) auch für Eingaben verwendet (Maus).

Parallele Schnittstellen übertragen Daten in 8 Bit Breite.

Serielle Schnittstellen übertragen Daten bitweise nacheinander, und werden bei der Ausgabe für Plotter, Modems oder Drucker verwendet, die seriell arbeiten.

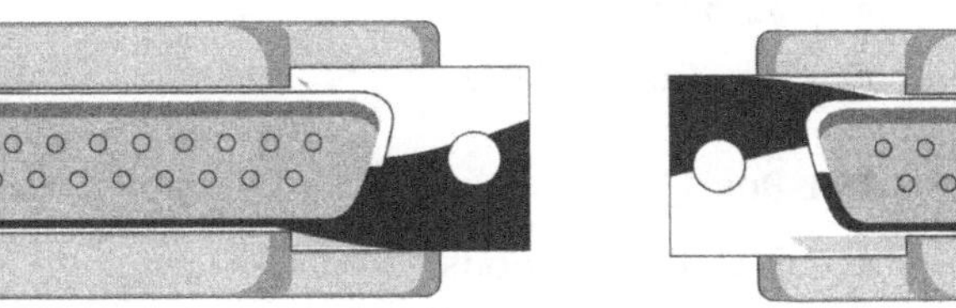

Abb. 17 parallele Schnittstelle

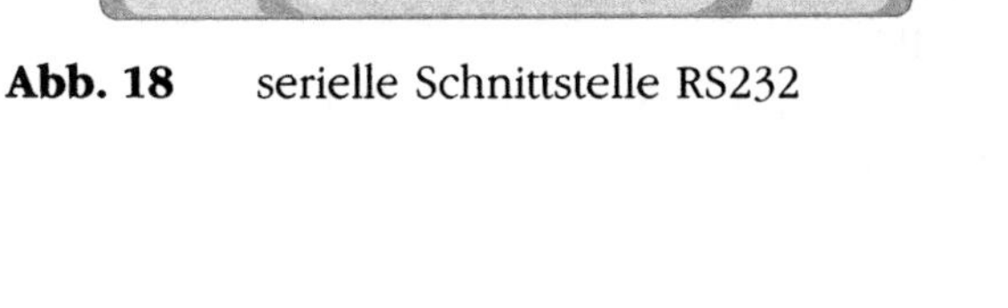

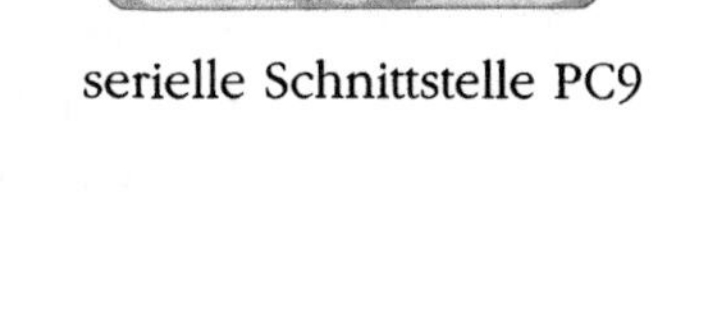

Abb. 18 serielle Schnittstelle RS232 serielle Schnittstelle PC9

1.2.10 Bus-Systeme

Parallele BUS-Systeme intern

Unter einem Bus-System versteht man mehrere parallel laufende Daten-, Adress- und Steuerleitungen, die in einer bestimmten Bit-Breite Daten- oder Adressen vom/zum Prozessor zu/von den Peripherie-Einheiten (Festplatte, Laufwerk, Grafikkarte etc.) übertragen.

Dabei sind verschiedene parallele BUS-Systeme auf einem Mainboard enthalten, die alle in einer Hierarchie aufgebaut sind, wobei die langsameren BUSse mit den nächst schnelleren verbunden sind.

Alle Komponenten im System sind mit einem der BUSse verbunden, wobei vor allem der Chip-Satz eine Brücke zwischen allen BUSsen darstellt.

Es werden folgende BUS-Systeme unterschieden:

Prozessor-BUS (Frontside-BUS(FSB)):

Der Prozessor-BUS ist der schnellste BUS auf einem Mainboard. Auf ihm werden Daten zwischen Prozessor, Cache und RAM übertragen.

- 64 Bit Datenbus (volle Breite des Prozessors)
- Bus-Takt 66, 100 oder 133 MHz

AGP-BUS:

Dieser wurde speziell für Grafikkarten entwickelt, da für heutige umfangreiche 3D-Anwendungen der PCI-BUS nicht mehr ausreicht. An den AGP-BUS ist nur ein einzelner Slot angeschlossen, in dem spezielle AGP-Grafikkarten verwendet werden müssen.

- 32 Bit Datenbus
- Bus-Takt 66 MHz

ISA-Bus:

- 8/16 Bit Datenbus
- Bus-Takt = 8,33 MHz
- 24 Bit Adress-Bus (16 MB Speicher adressierbar)
- 8/16 Bit DMA Zyklus
- 1–4 MB/s Übertragungsrate

EISA-Bus:

- Erweiterung des ISA Busses
- 32 Bit Datenbus
- Bus-Takt 10 MHz (asynchron zur CPU)
- 32 Bit Adressbus (4 GB Speicher adressierbar)
- 32 Bit DMA Zyklus
- 20 MB/s Übertragungrate
- spezieller Chip-Satz

Micro-Channel:

- 32 Bit Datenbus
- Bus-Takt = 10 MHz (asynchron zur CPU)
- 32 Bit Adressbus (4 GB Speicher adressierbar)
- 32 Bit DMA Zyklus
- 20 MB Datenübertragungsrate
- spezieller Chip-Satz

Vesa-Local-Bus:

Bis auf die VLB Slots keine Veränderung des Boards gegenüber einer ISA Architektur

- 32 Bit Datenbus
- Bus-Takt +/– 33 MHz (synchron zur CPU)
- 32 Bit Adressbus (4 GB Speicher adressierbar)
- 32 Bit DMA Zyklus
- höhere Datenübertragungsrate wegen höherem Bustakt als ISA/EISA
- geringfügig veränderter Chip-Satz gegenüber ISA
- max. 3 Einsteckkarten (VLB) da sonst große Probleme auftreten
- mehrere ISA Slots

PCI-Local-Bus:

- 32 Bit Daten-/Adressbus (gemultiplext)
- 17 × 109 TB Speicher adressierbar
- Bus-Takt = 20–33 MHz (neu 66–100 MHz) (synchron zur CPU), aber von der CPU unabhängig (bei INTEL-Boards aber abhängig)
- sehr hohe Übertragungsrate wegen größerer Bus-Breite
- völlig neue Chip Generation

Unter den BUS-Systemen haben sich auf heutigen Boards der PCI-BUS und der ISA-BUS durchgesetzt, die beide parallel auf gängigen Boards vorhanden sind. EISA, Micro-Channel und Vesa-Local sind nur noch sehr vereinzelt in älteren PC's zu finden.

AGP und FSB sind sowieso zum Standard geworden.

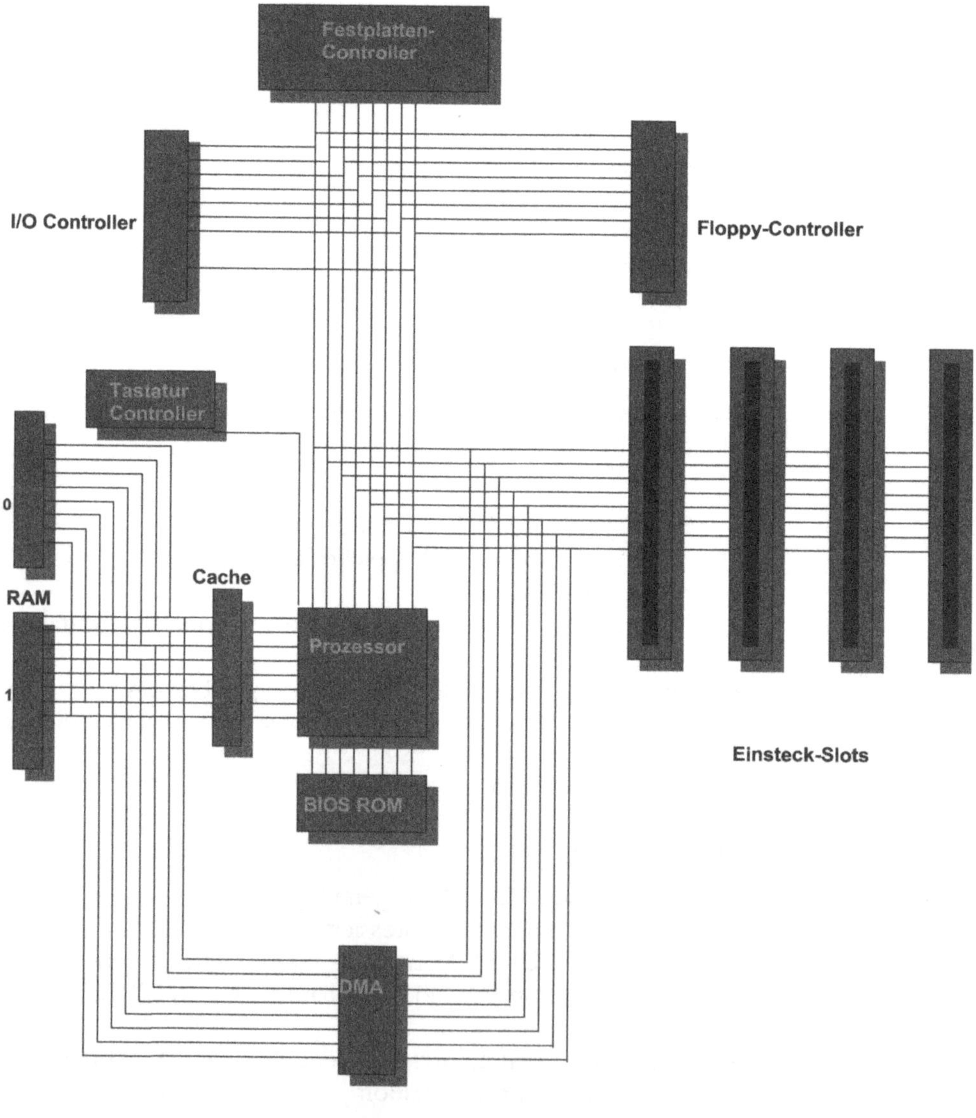

Abb. 19 BUS-System 16–32 Bit (Daten-, Steuer-, Adress-Leitungen)

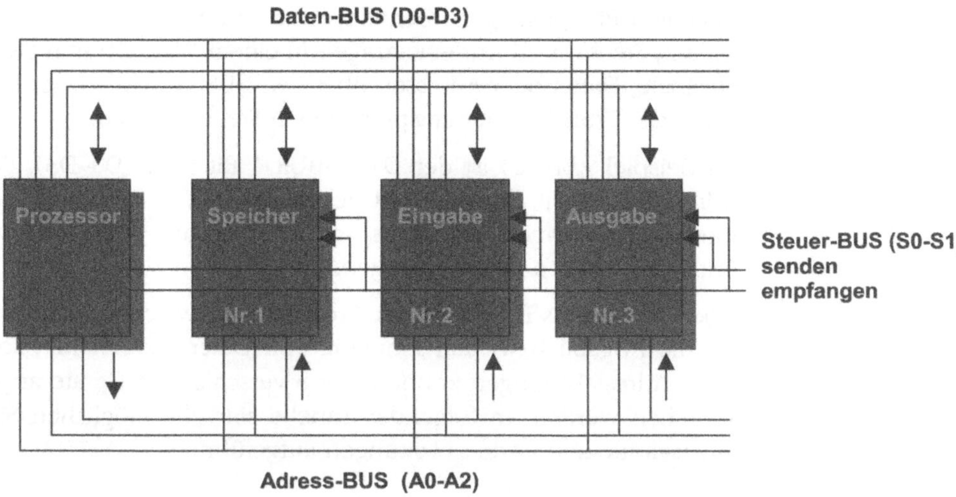

Abb. 20 Prinzip des Daten-, Steuer- und Adress-BUS

Achtung: Jedes BUS-System benötigt seine eigenen Einstockkarten

Durch das Einstecken einer Erweiterungskarte in einen Slot, oder durch das Einstecken des Flachbandkabels für Floppy / Festplatte, werden diese Komponenten mit dem System-BUS verbunden.

Wichtiges Kriterium beim BUS ist die Taktfrequenz, mit der der BUS getaktet wird. Je größer dieser ist, umso schneller werden Daten zwischen der Peripherie und dem Prozessor übertragen.

Funktion (Prinzip der BUS-Technik):

Hinter der BUS-Technik verbirgt sich nichts anderes als eine Parallelverdrahtung, unter der u.a. Prozessor, Speicher, I/O-Einheiten, Festplatten-Controller, Laufwerks-Controller und die Einsteck-Slots miteinander verbunden sind.

Damit alle an dem BUS hängenden Komponenten nun nicht wahllos durcheinander ihre Informationen auf die BUS-Leitungen schalten, muss ein Gerät die Kontrolle über den Informationsaustausch übernehmen. Diese Aufgabe übernimmt der Prozessor. Dazu sind noch weitere BUS-Leitungen erforderlich.

Unter dem BUS-System werden im allg. Steuerleitungen, Adressleitungen und Datenleitungen verstanden. In älteren Computern waren dies auch noch alles voneinander getrennte Leitungen. In neueren Computern ist man allerdings zu gemultiplexten BUS-Systemen übergegangen. Gemultiplexte BUS-Systeme beinhalten Daten-, Steuer- und Adressleitungen in einem BUS. Ob nun Steuersignale, Daten oder Adressen über den BUS verschickt werden, regelt der Prozessor mit entsprechenden Steuersignalen.

Im Beispiel Abb. 20 ist der Daten-BUS 4 Bit breit (D0–D3), der Adress-BUS 3 Bit (A0–A2) und der Steuer-BUS 2 Bit (S0–S1). In modernen Systemen handelt es sich natürlich um 32 Bit, aber zu Erklärung reichen diese Leitungen.

Über den Adress-BUS zeigt der Prozessor an, welches Gerät sich für die Abgabe bzw. den Empfang von Daten bereithalten soll. Mit 3 Adress-Leitungen können $2^3 = 8$ verschiedene Geräte angesprochen werden. In folgender Tabelle sind die möglichen Signalzustände mit 3 Adress-Leitungen aufgeführt:

Adress-BUS Signale			Gerät Nr.
A2	A1	A0	
0	0	0	0
0	0	1	1
0	1	0	2
0	1	1	3
1	0	0	4
1	0	1	5
1	1	0	6
1	1	1	7

Signalpegel = 0 keine Spannung,
Signalpegel = 1 Spannung vorhanden

Jedes am BUS angeschlossene Gerät hat eine Geräte-Nummer und eine elektronische Schaltung, die mit der entsprechenden Geräte-Nummer in Bereitschaft versetzt werden kann, sobald die zugehörige Geräte-Nummer vom Prozessor auf den Adress-BUS geschaltet wird.

Mit den Steuersignalen *„empfangen“* bzw. *„senden“* aktiviert der Prozessor über den Steuer-BUS dann das ausgewählte Gerät, damit es entweder Daten auf den Daten-BUS schaltet (sendet) oder Daten übernimmt (empfängt) (die Pfeile in Abb. 20 zeigen an, in welchen Richtungen Informationen fließen können).

Lesen von Daten

Benötigt der Prozessor Daten von der Eingabe (Geräte-Nummer 2), so werden folgende Schritte ausgeführt:

1. er wählt Gerät 2 aus (Signal 010 wird auf den Adress-BUS geschaltet),
2. er aktiviert das Signal „senden",
3. er liest den Signalzustand vom Daten-BUS,
4. er beendet den Vorgang, in dem er das Signal „senden" vom Steuer-BUS nimmt.

Schreiben von Daten

Sollen die empfangenen Daten nun an die Ausgabe (Geräte-Nummer 3) weitergeleitet werden, so werden dann noch folgende Schritte vom Prozessor ausgeführt:

1. er wählt Gerät 3 aus (Signal 011 wir auf den Adress-BUS geschaltet),
2. er schaltet die Daten auf den Daten-BUS,
3. er schaltet das Signal „empfangen" auf den Steuer-BUS,
4. er beendet den Vorgang, in dem er das Signal „empfangen" vom Steuer-BUS nimmt.

Vorteil der BUS-Technik ist, dass über eine geringe Anzahl von Leitungen viele Komponenten angesprochen werden können, die Daten miteinander austauschen können.

In modernen Computern ist ein BUS-System, wie gesagt, 32 Bit breit. Damit lassen sich entsprechend mehr „Komponenten" auswählen, denn nicht nur einzelne Geräte oder I/O-Einheiten fallen in den Adressraum, sondern auch die einzelnen Speicherzellen im RAM werden über den Adress-BUS adressiert, wenn Daten aus ihm gelesen oder in ihn geschrieben werden sollen.

Auch die Datenübertragungen erfolgen in 32-Bit-Breite mit jedem Takt-Impuls.

Serielle externe BUS-Systeme (Hochgeschwindigkeitsbusse):

Serielle Hochgeschwindigkeitsbusse wie USB, Fire Wire oder Fibre Channel sind in der Computertechnik immer mehr auf dem Vormarsch, da die Datenübertragungsraten dieser seriellen Techniken herkömmliche serielle oder parallele Systeme bei weitem übertreffen. In parallelen Verbindungen gibt es das Problem, dass Bits auf den parallelen Leitungen nicht gleichzeitig ankommen, weswegen parallele Verbindungen nur sehr kurz sein können und nicht sehr hoch getaktet werden dürfen. Serielle Verbindungen kennen dieses Problem nicht, da alle Bits nacheinander gesendet werden, wodurch höhere Taktraten erzielt werden können.

USB (Universal Serial BUS)

Beim USB handelt es sich um eine Schnittstelle, an der Peripheriegeräte wie Tastatur, Maus, Joystick und Scanner oder auch USB-HUB's angeschlossen werden können. Dabei sind alle Stecker und Buchsen der USB-Verbindungen gleich (keine verschiedenen Adapter mehr). Die meisten Pentium-Mainboards sind heute mit dieser Schnittstelle ausgestattet, die über Stecker auf dem Mainboard und Kabel mit der Außenwelt verbunden sind.

USB-Geräte werden von Windows 95B/98/ME/2000 (nicht Win95A, NT4) sofort über PnP erkannt und alle Treiber werden automatisch installiert. Dies kann auch bei laufendem Betrieb des Computers passieren. PC's müssen nicht mehr herunter gefahren werden (Hot-Plug). Geräte können integrierte HUB's besitzen, an die weitere Geräte angeschlossen werden können.

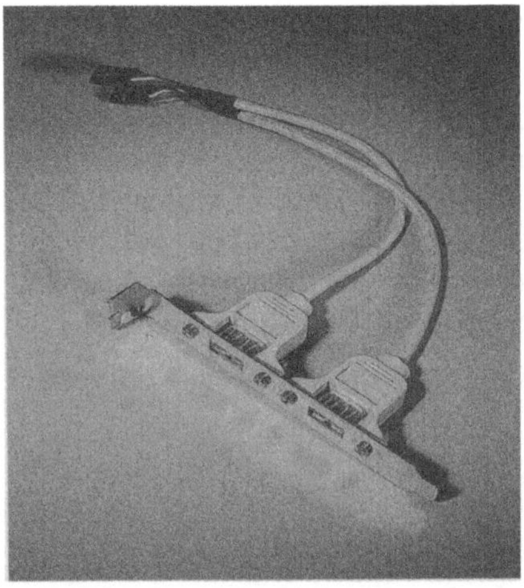

Abb. 21

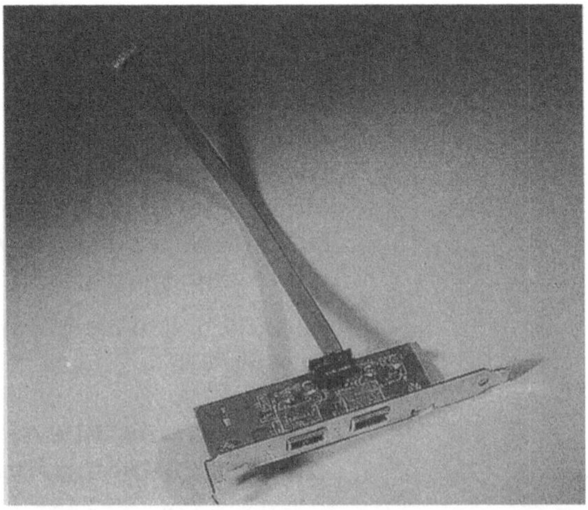

Abb.22

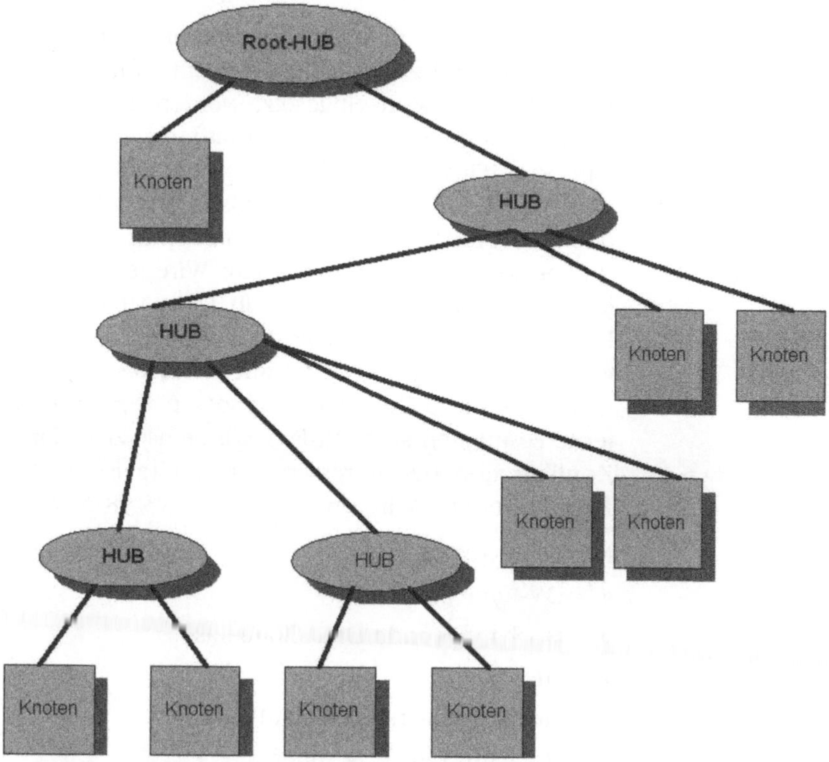

Abb. 23 Topologie von USB

An einen USB können bis zu 127 Geräte angeschlossen werden. Datenübertragungsraten sind bei USB1 1,5 oder 12 Mbit/s. USB2 soll es auf 480 Mbit/s bringen (theor.).

Mögliche Geräte:

- Tastaturen
- Mäuse
- Joysticks
- Digitalkameras mit geringer Auflösung
- Langsame Laufwerke
- Modems
- Drucker
- Scanner mit geringer Auflösung

Fire Wire (IEEE 1394-Technologie oder i.Link):

Fire Wire ist eine Schnittstellentechnologie für Computer und Video-Geräte und soll auch in erster Linie für die Übermittlung von Video-/Audio-Daten eingesetzt werden. Fire Wire arbeitet dabei mit paketorientierter Datenübermittlung. Die Datenübertragungsrate von Fire Wire beläuft sich auf bis zu 400 Mbit/s (50 Mbyte/s). Es gibt auch Standards mit 100 Mbit/s (12,5 Mbyte/s) oder 200 Mbit/s (25 Mbyte/s). Immer das langsamste Gerät bestimmt die Übertragungsrate. Fire Wire ist Hot-Plug-fähig und es können bis zu 16 Geräte (63 in Daisy-Chain-Technik) an einen PCI-Host-Adapter angeschlossen werden, die bidirektional arbeiten. Die Topologie gestattet allerdings bis zu 63 Knoten, an denen *je* bis zu 16 Geräte angeschlossen werden können. Auch externe Festplatten sind mit Fire Wire einsetzbar. Eine automatische Konfiguration der Adressen der Geräte ist gegeben. Unterstützung findet Fire Wire unter Windows 95/98/NT/2000.

Mögliche Geräte:

- DV-Camcorder
- Hochauflösende Digitalkameras
- HDTV
- Hochgeschwindigkeitslaufwerke
- Hochauflösende Scanner
- Elektrische Musikinstrumente
- Drucker
- CD-ROM

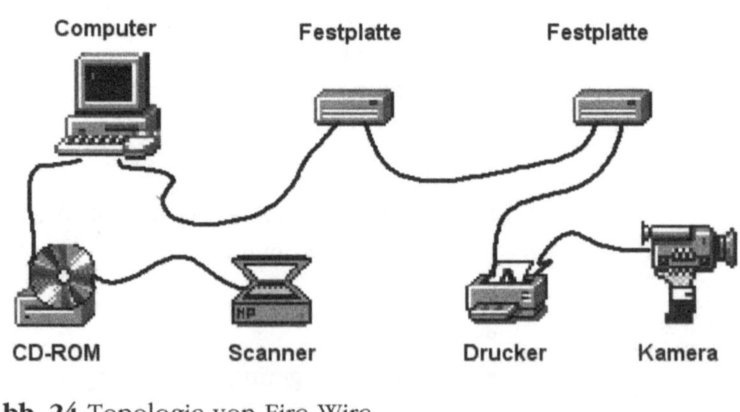

Abb. 24 Topologie von Fire Wire

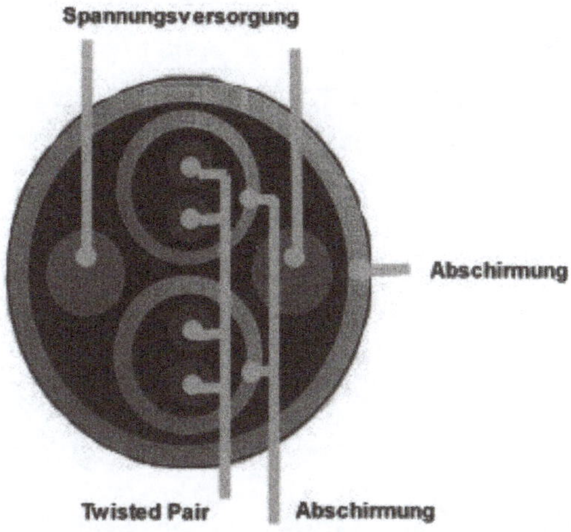

Abb. 25 Kabelquerschnitt eines Fire-Wire-Kabels

Fibre Channel

Fibre Channel ist ursprünglich als eine Hochgeschwindigkeitsverbindung zwischen Computern und Peripherie-Geräten entwickelt worden, kann in kleineren Bereichen aber auch als Netzwerk verwendet werden. Dabei verwendet Fibre Channel eine schnelle Vollduplex-Verbindung zwischen 2 Geräten, durch welche sich sehr viel größere Übertragungsstrecken realisieren lassen als mit parallelen Techniken (bis zu 10 km). Allen Teilnehmern im Fibre Channel wird die gleiche Bandbreite zur Verfügung gestellt, so dass ein Leistungsabfall bei vielen Knoten nicht eintritt.

Für die Realisation von seriellem BUS-System und Netz-System gibt es ein Konzept, das FABRIC genannt wird, welches die Verbindung zwischen den Knoten herstellt und die Intelligenz von Fibre Channel enthält. Die Knoten selber regeln nur die Kommunikation untereinander.

Fibre Channel kann mit verschiedenen Topologien arbeiten. Point-to-Point-Verbindungen zwischen zwei Knoten, Busse, Crosspoint Switches (Sterne, durch einen oder mehrere Switches realisiert) und Ringe (Arbitrated Loop). Ein Port in einem Endgerät heißt N_port, in einem Switch F_port (Fabric) und in einem Arbitrated Loop L_port. Bis zu 16 Millionen Knoten können in einem einzigen Fabric existieren, jeder Knoten besitzt eine eindeutige Adresse.

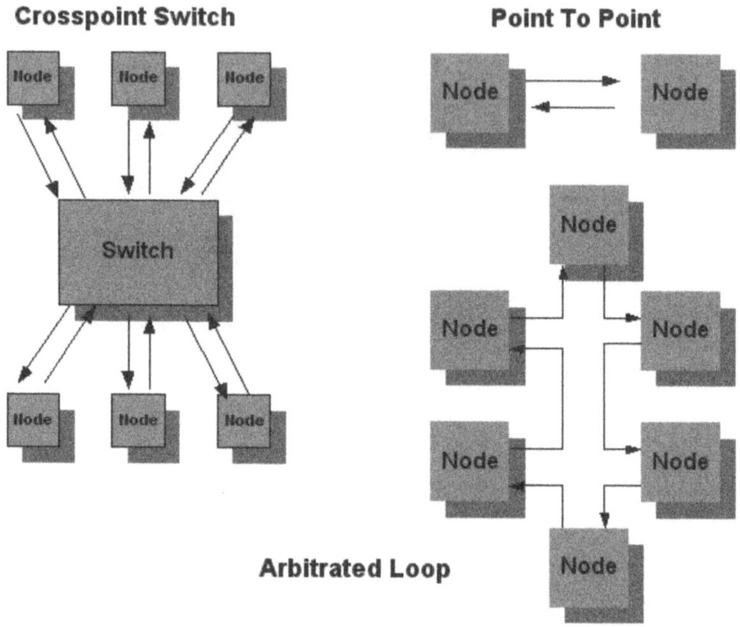

Abb. 26 Mögliche Topologien von Fibre Channel

Fibre Channel kann über viele Medien realisiert werden. Neben Multi- und Monomode-Glasfaser-Kabel kommen auch Koax- und verdrillte Kupferkabel zum Einsatz. Nutzlastraten von 12,5 bis 100 MByte/s, je nach Medium, können Entfernungen bis zu 10 Kilometern überbrücken. Dabei können bestehende Protokolle aus dem BUS-Bereich, aber auch aus dem Netzwerkbereich gefahren werden. SCSI als Schnittstellenbefehlssatz und IP und ATM sind einige davon.

Fibre Channel selber deckt die Ebenen Eins (Physikalische Ebene) und Zwei (Verbindungsebene) der OSI-Modells (Open Systems Interconnect) ab. Seine Architektur ist ebenfalls hierarchisch auf fünf Schichten verteilt: FC-0 bis FC-4.

Medien und Datenraten

Medium	Nutzlast(Mb)	Signalrate (MB)	Entfernung
9 µm-Mono.-Glasfaser	25 50 100	265,62 531,25 1062,5	bis 10 km bis 10 km bis 10 km
50 µm-Multi.-Glasfaser	25 50	265,62 531,25	2 km 1 km
62,5 µm Multimode	12,5 25	131,81 265,62	1,5 km 1 km
Video-Koax	12,5 25 50 100	131,81 265,62 531,25 1062,5	100 m 75 m 50 m 25 m
Miniatur-Koax	12,5 25 50 100	131,81 265,62 531,25 1062,5	40 m 30 m 20 m 10 m
STP	12,5 25	131,81 265,62	100 m 50 m

1.2.11 Monitor

CRT-Bildschirme

Neben der Bildschirmgröße sind Bildwiederholfrequenz (vertikal) und die Zeilenfrequenz (horizontal) die weiteren entscheidenden Größen für eine mögliche Auflösung.

Zeilenfrequenz = Zeilenanzahl × Bildwiederholfrequenz

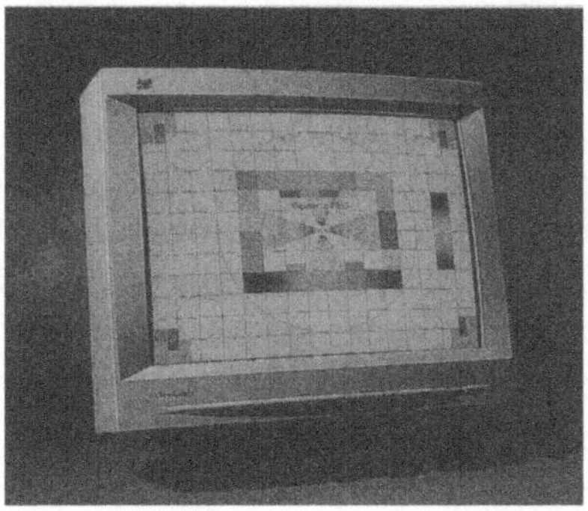

Abb. 27 Monitor

Bildwiederholfrequenz:

Sie gibt an, wie oft der Monitor das Bild innerhalb einer Sekunde neu aufbaut. Je höher die Bildwiederholfrequenz ist, desto flimmerfreier und statischer erscheint das Bild. Ab 75 Hz (75 neu aufgebaute Bilder in der Sekunde) erscheint das Bild flimmerfrei.

Üblicherweise erlauben Monitore (je nach Auflösung) Bildwiederholfrequenzen zwischen 60 und 120 Hz.

Grundsätzlich gilt: Je höher die Auflösung und je größer die darzustellende Farbanzahl, desto niedriger wird die Bildwiederholfrequenz, desto mehr flackert das Bild.

Zeilenfrequenz:

Sie gibt an, wie viele Zeilen der Schreibstrahl pro Sekunde überstreicht. Im Zusammenhang mit der Auflösung ist sie für die Bildwiederholfrequenz verantwortlich. Je höher die Zeilenfrequenz, desto höher ist auch die Bildwiederholfrequenz.

High End Monitore synchronisieren zwischen 30 und 100 kHz, hochwertige Monitore schaffen bis 64 kHz, während billige Monitore oft nur bis 38 kHz mitspielen.

Bildschirmgröße: 14" – 21" (je größer, desto besser) unterer Standard: 640 × 480 Pixel, 70 Hz Bildwiederholfrequenz

Der Monitor muss mit der verwendeten Grafikkarte und dem Monitorkabel übereinstimmen.

Das Bild sollte ruhig und an den Rändern nicht ausgebeult sein.

Funktion:

In der Elektronenkanone erzeugt eine per Heizdraht erhitzte Kathode eine Elektronenwolke, die von einer Anode abgesaugt und in Richtung Bildschirm beschleunigt wird. Dazu liegt an der Anode eine Spannung von mehreren 10000 Volt an, die im Hochspannungsteil des Monitors erzeugt wird. Durch mehrere feine, blendenartigen Öffnungen wird die diffuse Elektronenwolke mehr und mehr zu einem Elektronenstrahl fokussiert. Der nun scharf gebündelte Elektronenstrahl würde zunächst genau auf die Mitte des Bildschirms treffen. Dafür, dass der Strahl zeilenweise über den Bildschirm bewegt wird, sorgen Ablenkspulen, die den negativ geladenen Elektronenstrahl in seiner Richtung beeinflussen.

Trifft der Elektronenstrahl auf die Mattscheibe, also den sichtbaren Bereich der Bildröhre, wandelt eine spezielle Beschichtung die Energie des unsichtbaren Elektronenstrahls in sichtbares Licht um.

Um ein farbiges Bild zu erhalten, erzeugt die Bildröhre drei Elektronenstrahlen, je eine für die drei Grundfarben Rot, Grün, Blau. Jeder Elektronenstrahl trifft dabei auf eine eigene, der Grundfarbe entsprechende Leuchtschicht. Durch die Zusammensetzung aus den drei Grundfarben ergibt sich nach dem Modell der additiven Farbmischung das gesamte sichtbare Farbspektrum.

Dafür, dass jede der drei Farbkanonen auch die richtige Leuchtschicht trifft, sorgt je nach Bauart eine Loch- oder Schlitzmaske.

TFT-Screens (Flüssigkristallbildschirme (LCD's)

Farben werden bei Flat-Screens durch hauchdünne Folien erzeugt, die jeweils für Rot, Grün und Blau im Screen existieren. Durch das weiße Hintergrundlicht, welches durch die Folien leuchtet, tritt die Farbe aus der Oberfläche. Zwischen zwei Folien wird eine Schicht mit Flüssigkristallen eingefügt, die bei angelegter Spannung den Lichtbrechungsindex ändern. Eine Matrix aus vertikalen und horizontalen Leitungen wird dazu verwendet, um Bildpunkte gezielt ein- oder auszuschalten. Wird eine Spannung an eine einzelne Leitung gelegt, entsteht am Kreuzungspunkt ein elektrisches Feld. Das Bild wird sozusagen punktweise aufgebaut, wodurch der Flimmereffekt herkömmlicher Monitore verschwindet.

Die Matrix kann passiv oder aktiv sein. Bei der passiven Matrix entsteht nicht nur am Kreuzungspunkt ein elektrisches Feld, sondern auch entlang der Leitungen, was einen schwachen Bildkontrast zur Folge hat, weswegen sich diese Art von LCD's nur für Programme ohne bewegte Bilder eignet. Bei der aktiven Matrix sind an den Kreuzungspunkten zusätzliche winzige Transistoren angebracht, die das elektrische Feld auf den Bildpunkt konzentrieren, was brillante Farben und einen sehr hohen Kontrast mit sich bringt, wodurch sich diese Art von LCD's für den Einsatz von Videosignalen oder Multimedia-Präsentationen eignet.

Bei Flat-Screens hat die Bildwiederholfrequenz eine etwas andere Bedeutung, als dies bei herkömmlichen Monitoren, sog. CRT's, der Fall ist. Der Bildaufbau funktioniert allerdings genauso, nämlich über Zeilen und Spalten. Aber schon bei 60 Hz steht das Bild, im Gegensatz zu 75 Hz bei herkömmlichen Monitoren.

Viele Flat-Screens schaffen auch gar keine 75 Hz mehr, obwohl dies aus Kompatibilitätsgründen nötig wäre.

Trotz aller Moderne haben Flat-Screens aber auch eine wesentliche unangenehme Eigenschaft: Je nachdem, aus welchem Blickwinkel man auf den Monitor schaut, verändern sich Kontrast und/oder die Farbwiedergebung.

Flat Screens arbeiten ausschließlich digital und benötigen deswegen oft eine spezielle Grafikkarte, da sie mit den analogen Signalen herkömmlicher Grafikkarten, die CRTs benötigen, nichts anfangen können. Diese Grafikkarten sind für den AGP- oder PCI-BUS erhältlich. Es gibt aber auch LCD-Bildschirme, die mit herkömmlichen Grafikkarten arbeiten können.

Die Standardauflösung von Flat-Screens beträgt 1024 × 768 Bildpunkte, da nur bei dieser Auflösung ein wirklich scharfes Bild erscheint. Damit dies möglich ist, muss ein Flat-Screen zuerst mit den Signalen der Grafikkarte synchronisiert werden, was über ein On-Screen-Menü, manchmal auch über eine Auto-Adjust-Funktion erledigt werden kann.

Abb. 28 Flat-Screen

1.2.12 RAM-Speicher

In den RAM-Speicher werden außer dem Betriebssystem, den Treibern für die Hardware etc., auch Programme/Daten geladen, mit denen man arbeitet. Oftmals ist es nötig, mit mehreren Programmen gleichzeitig zu arbeiten. Damit dies möglich ist, sollte so viel wie möglich RAM in einem PC vorhanden sein (PC wird auch schneller). Absolut unterer Standard für heutige Software sind 32 MB.

Abb. 29 Speicher-Module

Grundsätze:

Alle RAM's des Mainboards sollten möglichst die gleichen Zugriffszeiten aufweisen, damit es zu keinem Datenverlust kommen kann.

Alle Module sollten nach Möglichkeit auch vom gleichen Hersteller verwendet werden.

Die gleichzeitige Verwendung von DIMM- und PS/2-Modulen ist vom Board abhängig, schafft aber meistens viele Probleme, weswegen davon abzuraten ist.

Funktion der Speichertechnik:

Zentraler Bestandteil ist das Speicherzellenfeld. Üblicherweise wird ein Bit in einer individuell adressierbaren Einheitsspeicherzelle gespeichert, die zusammen mit den anderen in Form einer Matrix aus Zeilen und Spalten angeordnet ist. Durch die Angaben einer Zeilen- und Spaltennummer ist die Speicherzelle eindeutig bestimmt.

Der Adresspuffer nimmt die Speicheradresse entgegen, die von der externen Speichersteuerung entsprechend der Adresse von der CPU ausgegeben wird. Die Adresse wird dafür in zwei Bestandteile aufgeteilt, nämlich eine Zeilen- und eine Spaltenadresse, die zeitlich nacheinander in den Adresspuffer eingelesen werden.

Man bezeichnet dies auch als Multiplexing.

Im Allgemeinen liest der Adresspuffer zuerst die Zeilenadresse und dann die Spaltenadresse ein. Dieses Adressmultiplexing wird von Steuersignalen gesteuert. Übergibt die Speichersteuerung die Zeilenadresse, so aktiviert sie ein entsprechendes Signal. Dieses zeigt dem DRAM Chip an, dass die zugeführte Adresse eine Zeilenadresse ist.

Die DRAM-Steuerung aktiviert den Adresspuffer, um die Adresse einzulesen, und gibt sie an einen Zeilendecoder weiter, der die Adresse decodiert. Führt die Speichersteuerung dem Adresspuffer zu einem späteren Zeitpunkt die Spaltenadresse zu, so aktiviert sie ein entsprechendes Signal. Die DRAM-Steuerung erkennt daran, dass die jetzt zugeführte Adresse eine Spaltenadresse ist und aktiviert erneut den Adresspuffer, der die Spaltenadresse entgegen nimmt und an einen Spaltendecoder weitergibt.

Die so adressierte Speicherzelle gibt die gespeicherten Daten aus, die von einem Leseverstärker verstärkt einem Datenausgabepuffer zugeführt werden. Der Puffer gibt die Information schließlich an den Datenpins des Speicherbausteins ab.

Sollen Daten geschrieben werden, so aktiviert die Speichersteuerung ein entsprechendes Signal und führt dem Dateneingangspuffer die zu schreibenden Daten zu. Über einen Leseverstärker wird die Information verstärkt an die adressierte Speicherzelle weitergegeben und dort gespeichert.

Der Einheitsspeicher besteht aus einem Kondensator, der die Daten in Form elektrischer Ladungen speichert, und einem Auswahltransistor, der als Schalter zum Auswählen des Kondensators dient. Die regelmäßige Anordnung von Auswahltransistoren, Kondensatoren, Wortleitungen und Bitleitungspaaren wiederholt sich, bis die Speicherkapazität des Chips erreicht ist. Bei einem 4 MB Chip sind also 4.194.304 Auswahltransistoren, 4.194.304 Speicherkondensatoren, 2048 Wortleitungen und 2048 Bitleitungspaare vorhanden.

Die Zeitspanne, zwischen dem Anlegen der Zeilenadresse und der Ausgabe der Daten über den Ausgangspuffer, wird als RAS-Zugriffszeit bezeichnet.

Da die Informationen in Form von elektrischen Ladungen in einem winzigen Kondensator gespeichert werden und da der Kondensator seine Information schnell wieder verliert, muss dieser in periodischen Abständen nachgeladen werden.

DRAM's benötigen alle 1–16 ms einen Refresh.

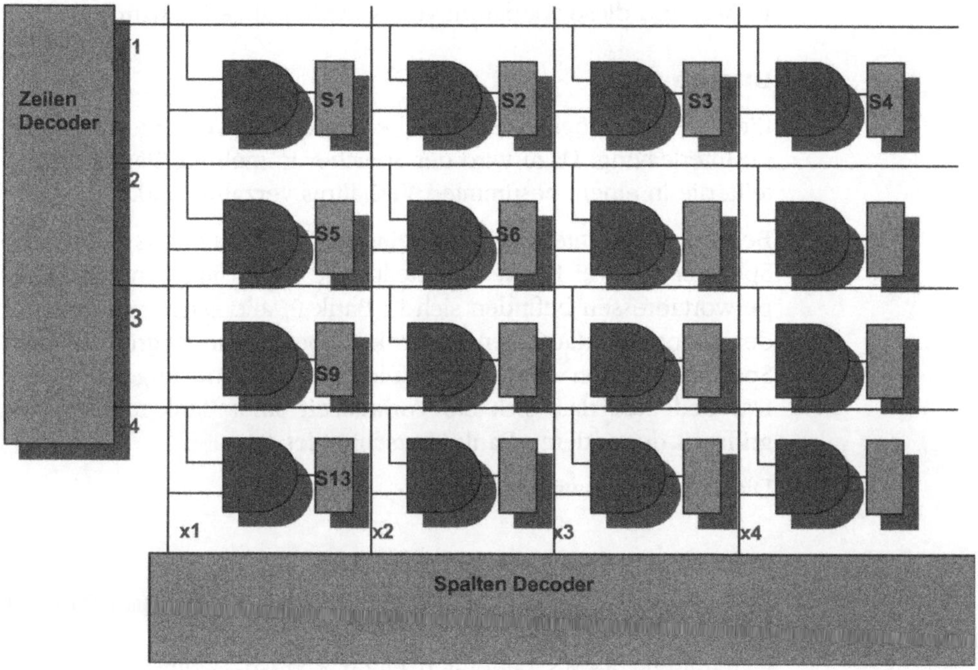

Abb. 30 Innerer Aufbau eines RAM's. Beispiel für 16×1 Bit Speicherkapazität

Page-Mode:

Eine Besonderheit moderner Speicher-Chips ist die Möglichkeit, einen oder mehrere Spaltenmodi auszuführen, um die Zugriffszeiten zu verkürzen. Der bekannteste ist der Page Mode.

Wird ein nachfolgender Speicherzugriff, dem ein Zugriff vorausgegangen ist, in der selben Zeile, aber in einer anderen Spalte ausgeführt, wird im Page Mode nur die Spaltenadresse verändert. Die Zeilenadresse bleibt gleich. D.h., eine Page entspricht genau einer Zeile im Speicherzellenfeld.

Fast-Page-RAM's:

Fast-Page-RAM's sind RAM's, die mit einer Weiterentwicklung des Page-Modes arbeiten. Dabei wird der Inhalt der Lese-/Schreibverstärker nicht nach jedem CAS-Zugriff zurückgeschrieben, sondern erst bei einem Wechsel der Zeile beziehungsweise Page.

Fast-Page ist eine ältere PS/2-Technik, die zuerst von EDO-RAM's, und diese wiederum von SDRAM's abgelöst wurde.

Interleaving:

Eine weitere Möglichkeit Speicherzugriffe zu verkürzen, besteht im Interleaving. Dazu wird der Speicher in mehrere Bänke aufgeteilt, die in einem bestimmten Verhältnis verzahnt sind.

Beim 2-Wege-Interleave mit einem 32-Bit-Datenbus wird der Speicher in zwei Bänke aufgeteilt. Alle Daten mit geraden Doppelwortadressen befinden sich in Bank 0, alle Daten mit ungeraden Doppelwortadressen in Bank 1. Bei einem Zugriff auf den Speicher werden daher die Bänke abwechselnd angesprochen. Das bedeutet, dass sich die Vorladezeit einer Bank mit der Zugriffszeit der anderen Bank überschneidet.

Die Zugriffszeit wird halbiert.

Begriffe aus dem Speicherbereich:

DRAM (Dynamischer Speicher)

Dynamische RAM's benötigen einen Refresh-Zyklus, der die internen Kondensatoren, die die Dateninformation speichern, auffrischt, damit die Information nicht verloren geht. Sie sind mit einer Matrix aus Zeilen und Spalten aufgebaut, wo die einzelnen Kreuzungspunkte die Adressen sind. Die Adressierung erfolgt nacheinander.

DRAM's werden für den Arbeitsspeicher verwendet.

SRAM (Statischer Speicher)

Statische RAM's werden in TTL-Technik mit bipolaren Transistoren aufgebaut. Sie werden grundsätzlich für den Cache-Speicher benutzt.

Auch hier werden Zeilen und Spalten der einzelnen Speicherzellen für die Adressierung benutzt. Allerdings erfolgt hier die Adressierung gleichzeitig als eine einzige Adresse.

SDRAM (synchroner DRAM) = DIMMs

SDRAM's sind DRAM's, die lediglich eine andere Handhabung der Codierung von Spalten- und Zeilenadressen aufweist. Sie verfügen dazu noch intern über mehrere Bänke.

SDRAM's zeigen ihre Stärken erst, wenn ein BUS-Takt über 75 MHz erreicht wird.

VRAM (Video RAM)

Video RAM ist speziell für Grafikkarten entwickelt. Er ist im Kern aus DRAM Bausteinen aufgebaut. Das Spezielle ist ein 8 Bit breiter Port, der mit einem speziellen Takt getaktet ist, der dem Pixeltakt entspricht und nach außen hin völlig unabhängig ist.

VRAM benötigt auch einen Refresh-Impuls, der intern erzeugt wird.

SGRAM (Synchronous Graphic Random Access Memory)

SGRAM's sind DRAM's, die für Grafikkarten verwendet werden , die mit höheren BUS-Taktfrequenzen arbeiten. Dabei synchronisieren sie sich mit dem CPU-BUS-Takt (für sehr schnelle Grafikkarten, AGP).

EDORAM (Extended Data Output Dynamic Random Access Memory)

EDOs sind DRAM's, die schneller sind als herkömmliche DRAM's. Herkömmlicher DRAM kann nur auf einen Datenblock zur einer Zeit zugreifen. EDO's können einen Datenblock gleichzeitig neu einlesen, während sie den vorherigen Datenblock zur CPU senden.

CACHE

Der Prozessor sollte einen waitstate-freien Zugriff auf den Speicher haben. Bei den heutigen Taktraten sind DRAM's mit 60 ns oder SDRAM's mit 10 ns Zugriffszeiten zu langsam. Daher wird zwischen der CPU und dem DRAM ein Speicher mit schnellen SRAM's aufgebaut. Daten, die immer wieder benutzt werden, werden hier zwischengelagert und sind so immer schnell wieder verfügbar.

Der Cache-Speicher dient zur Anpassung von schnelleren Einheiten an langsame. Man unterscheidet 1st und 2nd Level Cache-Speicher. 1st Level ist ein Cache innerhalb der CPU (ab 486er). Der 2nd Level Cache ist auf dem Board angebracht (ab 386er). Neuere Prozessoren können den L2-Cache aber auch intern haben.

Die Cache-Einheit besteht aus Cache-Speicher und Cache-Controller, die über einen 32 Bit breiten Datenbus verbunden sind.

SHADOW-RAM

Der Speicherbereich 640 kB – 1 MB ist für das System-BIOS, die Grafikkarten und für allgemeine Systemerweiterungen vorgesehen. Ab einem 386er Prozessor kann dieser Bereich im Setup als Schatten-RAM konfiguriert werden. Der Inhalt des BIOS-ROM, Grafik-ROM und eventuell vorhandener Erweiterungen kann dann ins SHADOW-RAM kopiert werden.

Vorteil: Schnellere Zugriffsmöglichkeiten auf die BIOS-Routinen aus den schnelleren RAM's als aus dem ROM.

CMOS-RAM

Die im Setup (BIOS) festgelegten Systemeinstellungen werden im CMOS-RAM gespeichert und nach dem Wiedereinschalten während der Initialisierungsphase des PC aus dem CMOS ausgelesen.

SWAP

Ist der RAM-Speicher voll, werden Daten auf die Festplatte ausgelagert (swappen ins virtuelle RAM). Unter NT gibt es die Datei (pagefile.sys), unter Unix eine Partition (Swap-Part.), die diese Daten aufnimmt und deren Größe eingestellt werden kann (kein Ersatz für echtes RAM, besser mehr RAM einbauen).

Cacheable Area und TAG-RAM

Mehr RAM bringt normalerweise mehr Geschwindigkeit in ein Computer-System. Dies gilt aber nur soweit, wie TAG-RAM bzw. die Cacheable Area des Boards dies unterstützen. Wird mehr RAM in ein Board gesetzt, als die Unterstützung des TAG-RAM's und die Cacheable Area dies hergibt, kann das System auch einbrechen und wesentlich langsamer werden. Die Menge des RAM's ist also boardabhängig (chipsatzabhängig).

TAG-RAM ist ein Chip auf dem Board, der mit seiner BUS-Breite den L2-Cache abdecken sollte. Ist dieser nur als einzelner Baustein auf dem Board enthalten, kann er mit seiner BUS-Breite von 8 Bit nur 64 Mbyte RAM abdecken. Sind zwei dieser Bausteine auf dem Board enthalten, könnte eine BUS-Breite von 16 Bit verwendet werden, wovon aber nur max. 11 wirklich genutzt werden. Mit 10 Bit können schon 256 Mbyte abgedeckt werden, mit 11 Bit sind es 512 Mbyte.

Die TAG-Breite kann oft im BIOS eingestellt werden (L2 Cache Cacheable Size). Verschiedene Chipsätze erlauben allerdings auch, über ein sog. Dirty-Bit oder einem sog. Write-Thru-Modus mit einem 8 Bit-TAG bis zu 128 Mbyte zu unterstützen.

PC100- / PC133-DIMM

Diese beiden Bezeichnungen werden bei SDRAM's verwendet, die mit einem FSB-Takt von 100 bzw. 133 MHz arbeiten können (board- bzw. prozessorabhängig).

Herkömmliche asynchrone EDOs konnten nur mit 33/66 MHz-FSB-Takt umgehen, wobei Zugriffszeiten von 70 oder 60 ns normal waren. Für die zwischenzeitlich hochgetakteten Prozessoren von über 300 MHz waren diese Art von RAM's zu langsam und auch der FSB-Takt stellte einen Flaschenhals für die Übertragung von Daten zwischen Prozessor und RAM dar.

Mit Einführung von synchronem SDRAM's mit unter 10 ns Zugriffszeiten konnte dann der FSB-Takt auf 100/133 MHz erhöht werden, wofür die entsprechenden Module benutzt werden müssen.

RDRAM (RIMM) (RAMBUS Speicher)

Seit es den 100 MHz-FSB gibt, sind SDRAM's unbedingte Voraussetzung, damit die hohen Taktfrequenzen in Computern noch einigermaßen verarbeitet werden können. Die herkömmlichen RAM's haben aber immer noch physikalische Eigenschaften, mit denen ein schneller Prozessor nicht umgehen kann, so dass er immer noch Pausen (Wait-States) einlegen muss, da die Daten nicht schnell genug vom RAM in den Prozessor gelangen, was auch mit den Verbindungen zwischen RAM und Prozessor zusammenhängt. L1- und L2-Cache sollen hier Abhilfe schaffen, was aber nur bedingt gelingt. AGP-Grafikkarten und PCI-Karten über DMA greifen zusätzlich zum Prozessor über den Speicher-BUS auf den Speicher zu, was weiter dazu führt, dass der Prozessor immer länger auf Daten warten muss.

RAMBUS-Speicher haben physikalisch einen wesentlich komplizierteren Aufbau als SDRAM's. Ein Memory-Controller steuert einen Channel, an den die Speicher-Chips direkt angeschlossen sind, die ein spezielles Protokoll beherrschen müssen. Der Channel ist sehr hoch getaktet und kann mit Double-Data-Rate (DDR) 2 Byte pro Takt übertragen. Eine spezielle Elektronik passt den Channel-Takt nach außen an.

Die Speicherzellen sind nach dem herkömmlichen DRAM-Plan aufgebaut und sind auch nur ebenso schnell getaktet. Sie sind allerdings auf kleineren Feldern untergebracht als bei DRAM, die auch noch in wesentlich mehr Bänke verteilt sind, wodurch ein einzelner RDRAM sehr hohe Datenraten garantiert. Werden weitere RDRAM's hinzugefügt, erhöht sich nicht nur die Speicherkapazität, sondern durch den internen Aufbau der RDRAM's auch die Zugriffsgeschwindigkeit, da Fehler bei Zugriffen auf RDRAM-Zeilen vermindert werden.

RIMMs benötigen spezielle Mainboards mit speziellen Chip-Sätzen. Adapter, über die SDRAM in RDRAM-Boards laufen können, sind möglich. Angaben wie PC600, PC700, PC800 sind Hinweise auf FSB-Taktfrequenzen, mit denen der RDRAM arbeiten kann. RDRAM kann mit min. 400 MHz FSB-Takt betrieben werden, im Gegensatz zu 100/133 MHz in herkömmlichen Systemen.

DDR-SDRAM (Double-Data-Rate)

Normaler SDRAM schafft einen Datendurchsatz von 1,1 Gbyte/s bei einem FSB-Takt von 133 MHz. DDR-SDRAM-Module schaffen doppelt soviel. Bezeichnungen der Speicher-Chips sind dabei PC200 bzw. PC266, die für 100/133 MHz FSB-Takt stehen, da bei DDR der doppelte FSB-Takt verwendet wird.

DDR-SDRAM-DIMMs haben 184 Pins, 16 mehr als herkömmliche SDRAM-Module, und bedingen spezielle Mainboards.

1.2.13 Mainboard

Es gibt folgende Mainboard-Konzepte:

- konventionelles Board
- Mainboard mit zusätzlichen Komponenten
- Slot-CPU's

Konventionelles Board:

Die wesentlichen Bestandteile sind:

- Prozessor
- Speicher
- Interrupt Controller
- DMA Controller
- Timer
- Tastatur-Controller
- Bussystem
- BIOS

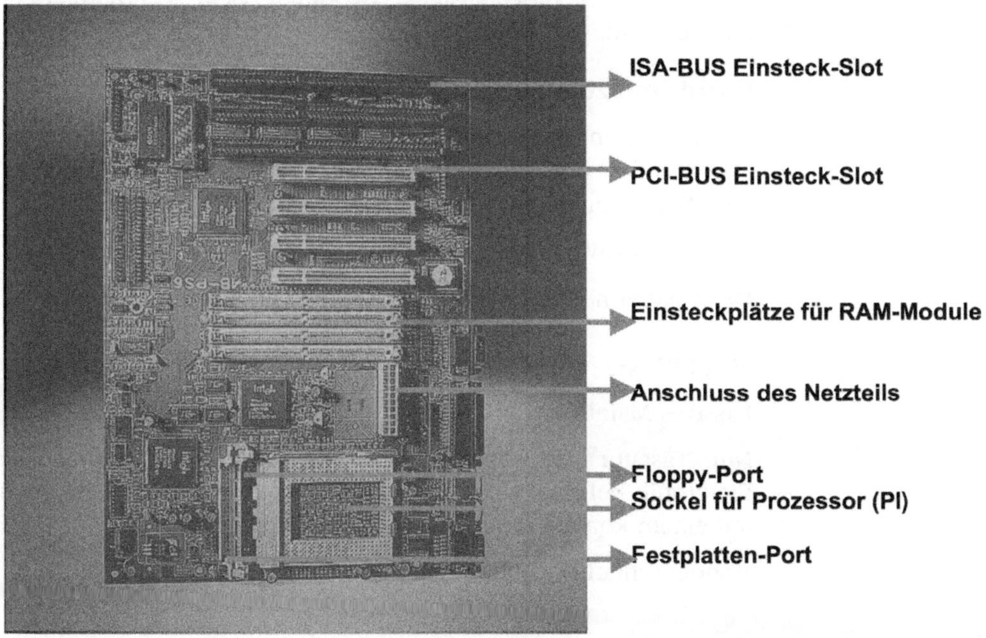

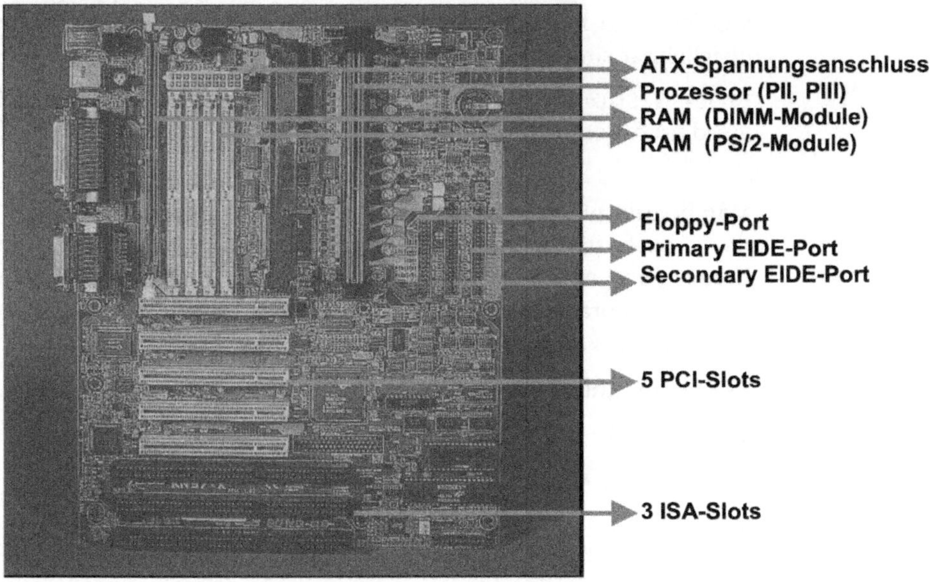

Abb. 31 Mainboards mit Sockel (oben) für Sockel-CPU's und mit Slot (unten) für Slot-CPU's

Grafik-, Schnittstellen-, Laufwerks- und Festplatten-Controller werden in die Slots gesteckt, wodurch viele Konfigurationen möglich sind.

Boards mit zusätzlichen Komponenten:

Zu allen oben genannten Komponenten sind hier auch ser / par Schnittstellen und die Laufwerks- und Festplatten-Controller auf dem Board enthalten.

Nachteil: schwer weiter aufrüstbar.

Diese Art von Mainboards ist in Laptops enthalten.

Slot-CPU's:

Passives Mainboard, da sich nur die Slots darauf befinden.

Nur Tastatur und Spannungsanschluss sind vorhanden. Die Elektronik befindet sich auf einer Einsteckkarte. Die Funktion ist mit einem konventionellen Board identisch.

Vorteil: schneller Umbau, gut aufrüstbar.

PCI-Board:

Viele Komponenten, die sonst über Einsteckkarten konfiguriert werden, sind hier schon auf dem Board enthalten, die jetzt aber abschaltbar sind.

EIDE-, SCSI-Laufwerksanschlüsse oder Schnittstellen können sich auf diesen Boards befinden.

Mainboards werden weiter nach ihren Abmessungen eingeteilt, die einer bestimmten Standardisierung entsprechen. Diese Standardisierung wird benötigt, damit Platinen in bestimmten Gehäusen untergebracht werden können, damit z. B. Schnittstellen und Einsteck-Slots an der richtigen Stelle sitzen.

Es werden unterschieden:

- Baby-AT
- Standard-AT
- LPX
- ATX

Während Baby-AT, Standard-AT und LPX veraltete Standards sind, ist ATX momentan der gültige Standard.

ATX zeichnet sich durch viele Vorteile gegenüber seinen Vorgängern aus, die auch alle durch Erfahrungen mit den alten Standards entstanden sind:

- Seitlich eingebautes Board
- Besser untergebrachtes Netzteil
- Nicht vertauschbarer Spannungsanschluss
- Integriertes externes I/O-Anschlusspaneel
- Interner Anschluss für das Netzteil
- Zueinander versetzte CPU und Speichermodule
- Zueinander versetzte interne I/O-Anschlüsse
- Bessere Kühlung

Mainboards sind alles in allem heute eine Wissenschaft für sich geworden, da für fast jeden Prozessor bestimmte Voraussetzungen auf einem Mainboard gegeben sein müssen. So muss z. B. der entsprechende Sockel für den entsprechenden Prozessor auf dem Mainboard enthalten sein. Auch über den benötigten Chip-Satz für diesen Prozessor muss das Mainboard verfügen. Ebenso muss das Mainbord fähig sein, einen entsprechenden RAM (EDO, DIMM, RIMM) aufnehmen zu können und einen entsprechenden FSB-Takt verarbeiten zu können.

1.2.14 Chipsatz

Peripherie-Bausteine (Support-Chips) sind besondere Bausteine, die den Prozessor bei bestimmten Aufgaben unterstützen. Sie sind nicht so flexibel wie der Prozessor, können die ihnen zugeordneten Aufgaben aber wesentlich schneller und unabhängig von der CPU ausführen.

Support-Chips werden speziell für den Prozessor, aber zumindest für eine Prozessor-Familie entwickelt.

Die Gesamtheit von Prozessor und Support-Chips werden als Chipsatz bezeichnet.

Der Chip-Satz ist die wichtigste Komponente des Mainboards. Er steuert u. a. die Schnittstelle des Prozessorhostbusses, den L2-Cache, den RAM, die Steckplätze des Systembusses, die Systemressourcen, und welche Funktionen ein System unterstützen kann, ist vom Chipsatz abhängig. Durch den Chip-Satz wird festgelegt, welcher Prozessor, welche RAM's, welche Taktfrequenzen und welche System-BUSse unterstützt werden.

In älteren AT-Boards gab es verschiedene Chips, die insgesamt den Chip-Satz darstellten. In heutigen Boards sind alle diese Funktionen in 2 bzw.3 Chips zusammengefasst:

- North-Bridge
- South-Bridge
- Super I/O-Chip

North- und South-Bridge können in einem Chip enthalten sein.

Über die North-Bridge wird eine Verbindung von Prozessor-BUS zum AGP-Port und den PCI-Steckplätzen hergestellt. Die North-Bridge ist für die Regelung der Datenströme zwischen Prozessor, Cache und RAM zuständig und ist daher eher für die schnellen Komponenten zuständig.

Über die South-Bridge wird eine Verbindung zwischen dem PCI- und dem ISA-BUS hergestellt. Weiter betreut die South-Bridge IDE-Kanäle und USB. Sie ist also eher fürs Grobe zuständig.

Der Super I/O-Chip enthält Elemente zur Verbindung mit Ein-/Ausgabeeinheiten.

Einige Chip-Sätze und ihre Eigenschaften:

Da die Entwicklung von Hardware immer rasantere Formen annimmt und beim Erscheinen dieser Auflage des Buches die nachfolgenden Chip-Sätze wahrscheinlich schon wieder veraltet sein werden, sollen nachfolgende Aussagen nur als Orientierung gelten.

Sockel-7-Chipsätze

ALi Aladdin IV+:	Bustakt bis 83 MHz, ohne AGP
ALi Aladdin V:	100 MHz Bustakt und AGP
Intel TX:	66 MHz Bustakt, kein AGP, Cacheable Area auf 64 MByte beschränkt
VIA Apollo VPX/VP2:	ohne AGP und bis 75 MHz Bustakt
VIA Apollo VP3:	Bustakt 66 MHz, mit AGP
VIA Apollo MVP3:	100 MHz Bustakt, mit AGP
SiS 5581/2, 5597/8:	Bustakt bis 75 MHz, kein AGP

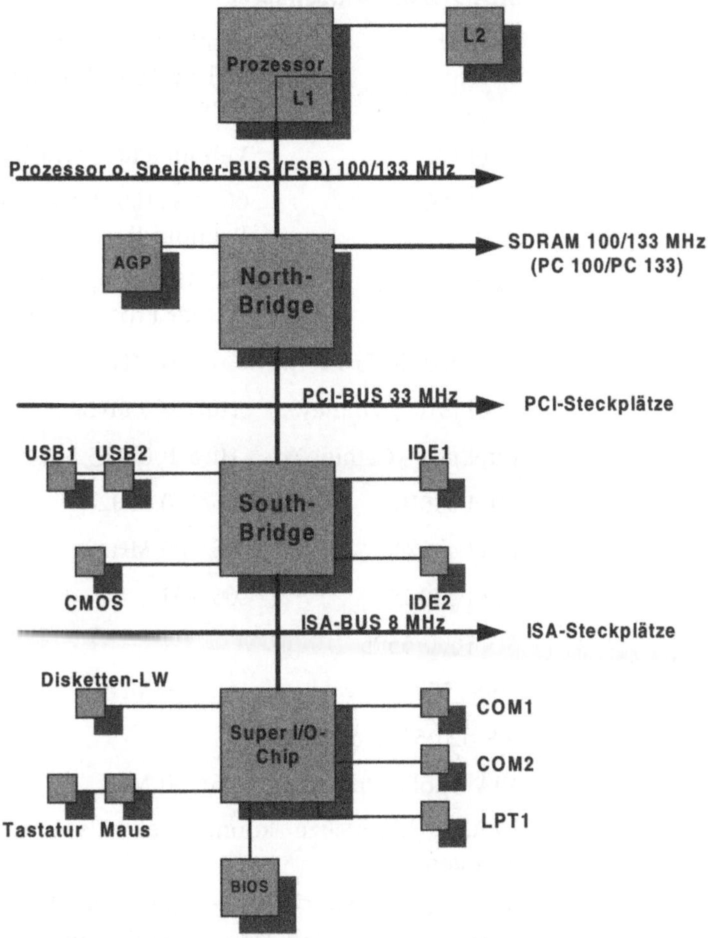

Abb. 32 BUS-System mit North-, South-Bridge und Super I/O-Chip

SiS 5591/5595:	Chipsatz mit AGP, Bustakt bis 83 MHz
ALi Aladdin V :	66–100 MHz Bustakt, 128 Mbyte Cacheable Area
SiS 530 530/5595:	66–100 MHz Bustakt, 256 MByte Cacheable Area
VIA Apollo MVP3:	66–100 MHz BUS-Takt, 512 MByte Cacheable Area
VIA Apollo MVP4:	66–100 MHz BUS-Takt, 512 MByte Cacheable Area

Slot-1/2-S370-Chipsätze

Intel LX:	Pentium-II-Chipsatz mit AGP und maximal 66 MHz Bustakt, Cacheable Area 512 MByte
Intel EX:	Vereinfachter LX-Chipsatz
Intel BX:	66 bis 100 MHz Bustakt mit Slot 1 für Pentium II
Intel NX:	100-MHz-Chipsatz für Slot-2-Server (bis zu vier Prozessoren)
ALi Aladdin Pro II	66/100 MHz
Intel i810 (Whitney)	Hub 100 MHz
Intel i820 (Camino)	Hub 100/133 MHz
Intel 440BX	66/100 MHz
Intel 440ZX	66/100 MHz
Intel 440EX	66 MHz
SiS 5600/5595	
5600/5595	66/100 MHz
SiS 620/5595 620/5595	
VIA Apollo Pro Plus	66/100 MHz

Neuere Chip-Sätze können teilweise mit 133 MHz FSB-Takt arbeiten.

Seit Intels 810er Chip-Satz gibt es in diesem Sinne keine Chip-Sätze mehr, sondern es wird mehr auf eine HUB-Architektur gesetzt. Dabei wird die North-Bridge zum Memory-Controller und die South-Bridge zum I/O-Controller-HUB. Beide Chips sind über einen neuen BUS miteinander verbunden, der eine Bandbreite von 266 MHz bietet.

Wichtige im herkömmlichen Chipsatz enthaltene Funktionen:

Interrupt-Controller PIC (programmierbarer Interrupt Controller)

Im PC gibt es viele Komponenten, die nur von Zeit zu Zeit verlangen, dass der Prozessor sich ihnen widmet. Hierzu gehört z. B. die serielle Schnittstelle, an der Zeichen vom Modem einlaufen. Dabei kann zwischen 2 Zeichen eine lange Zeit vergehen.

Erwartet der PC, dass Daten von der seriellen Schnittstelle einlaufen, gibt es zwei Möglichkeiten, diese zu sammeln:

- die Schnittstelle wird ständig untersucht, ob ein Zeichen eingelaufen ist,
- die Schnittstelle teilt selber mit, dass sie ein Zeichen empfangen hat.

Im ersten Fall spricht man von Polling.

Nachteil: Der Prozessor ist mit ständigem Abfragen der Schnittstelle beschäftigt, sodass ein gleichzeitig abgearbeitetes Programm langsamer läuft.

Der zweite Fall wird mit Hardware-Interrupts realisiert. Die Schnittstelle aktiviert ein Signal (IRQ = Interrupt) um dem Prozessor anzuzeigen, dass sie ein Zeichen empfangen hat. Dieses Signal wird über den PIC geleitet, der eine Interrupt-Anforderung an den Prozessor auslöst.

Da die CPU nun weiß, dass ein Zeichen bereitsteht, muss der Interrupt-Handler nur das Zeichen lesen. Die ständige Prüfung entfällt, der Programmaufwand zur Bedienung der seriellen Schnittstelle wird geringer, die Ausführungsgeschwindigkeit wird größer.

Es lassen sich mit dieser Möglichkeit wesentlich größere Übertragungsraten erzielen, ohne die Abarbeitung des Vordergrundprogramms zu verlangsamen.

Kandidaten für Interrupt-getriebene-Kommunikation sind:

- ser / par Schnittstellen
- Disketten- / Festplattencontroller
- Netzwerkadapter
- Tastatur

Da der Prozessor meistens nur einen Interrupt-Eingang aufweist, im PC aber mehrere Kandidaten für Interrupt-getriebenen-Datenaustausch vorhanden sind, wird der PIC zu deren Verwaltung eingesetzt. Er wird zwischen den Interrupt anfordernden Kandidaten und dem Prozessor geschaltet, d.h. der Interrupt wird zuerst an den PIC gegeben, der wiederum den Prozessor ansteuert.

Interrupts im PC	
0	Timer
1	Tastatur
2	Kaskadierung
3	COM2
4	COM1
5	LPT2
6	Controller für Disketten-Laufwerk
7	LPT1
8	Echtzeituhr
9	Frei
10	Frei
11	Frei
12	Frei
13	frei oder Coprozessor
14	primary IDE-Port
15	secondary IDE-Port

Achtung: Es gibt Interrupts, die fest vergeben sind und nicht verändert werden können. Beim nachträglichen Einbau von Komponenten, die einen Interrupt benötigen, ist darauf zu achten, dass diese so vergeben werden, dass sie in keinen Konflikt mit anderen geraten (derselbe INT für 2 Komponenten = Rechner startet nicht).

DMA-Chip

Neben dem Interrupt-Controller verfügt ein PC über einen DMA-Chip, der selbstständig auf den Hauptspeicher zugreifen kann. Das DMA-Konzept wird verwendet, um die CPU von einfachen, aber zeitaufwändigen Datenübertragungen zu entlasten. Dabei schafft der DMA-Chip einen Datenpfad zwischen Peripherie und Hauptspeicher (siehe Abb. 19). Die Datenübertragung findet dabei unmittelbar zwischen Hauptspeicher und Peripherie statt.

Der DMA-Controller gibt nur die Adress- und BUS-Steuersignale aus. Das Peripheriegerät kann so direkt schreibend / lesend auf den Speicher zugreifen. Die CPU wird so von der Datenübertragung entlastet und kann sich anderen Aufgaben widmen.

Den Peripheriegeräten ist üblicherweise ein DMA-Kanal zugeordnet, den das Peripheriegerät über ein DMA-Request-Signal aktiviert.

Der DMA-Chip reagiert auf dieses Signal und führt die Datenübertragung über diesen Kanal aus.

DMA-Kanäle im PC	
0	frei
1	frei
2	Diskettenlaufwerk-Controller
3	Festplattencontroller
4	Kaskadierung
5	EIDE-Controller, zweiter Kanal
6	frei

Timer PIT (programmierbarer Intervall Timer)

Um exakte Zeitintervalle für Datum/Uhrzeit und für die Ansteuerung der Elektromotoren von Diskettenlaufwerken zu erzeugen, wurde der PIT erfunden.

Er besteht aus 3 völlig unabhängigen, programmierbaren Zählern.

1.2.15 Prozessor

Prozessoren werden im wesentlichen in CISC- (Prozessor mit komplexem Befehlssatz, z.B. 80x86 Familie) oder RISC-Prozessoren (Prozessor mit reduziertem Befehlssatz, z. B. ALPHA-Chip) unterschieden.

Weitere Merkmale für die Leistungsfähigkeit eines Prozessors sind Taktraten des Prozessors, die Wortbreite, L1- bzw. L2-Cache. Die Taktraten des FSB (Frontside-BUS) spielen hierbei ebenso eine wichtige Rolle. Über den FSB kommunizieren x86-Prozessoren mit dem Chip-Satz des Mainboards. Die Leistung des FSBs ist fast die wichtigste Komponente, wenn es um die Leistung des Systems geht. Übliche Taktraten des FSB sind heute 66, 100 und 133 MHz. Mit einem FSB von 100 MHz lassen sich z. B. nur Prozessoren bis 850 MHz betreiben. Der höhere Core-Takt (Prozessor-Takt) wird durch einen in den Prozessor integrierten Generator erzeugt und ist ein Vielfaches des FSB-Taktes.

Über die Cache-Architektur wird der Unterschied zwischen dem schnellen Prozessor und den langsameren RAM's ausgeglichen. Der L1-Cache ist immer in den Prozessor integriert und kann bis zu 128 kByte betragen (meistens 32 kByte). L2-Cache ist in neueren Systemen ebenfalls im Prozessor vorhanden (oder im Prozessor-Modul) und kann bis zu 1 Mbyte betragen. Sockel 7-Boards haben den L2 allerdings auf dem Mainboard.

Sockel 7-Prozessoren sind eine ältere Technik, die aber immer noch sehr weit verbreitet ist. Intel Pentium MMX, AMD-K6-2, K6-III sind Vertreter dieser Varianten. Es gibt Sockel 7-Boards, die mit 66 oder 100 MHz FSB-Takt arbeiten. 128–256 Mbyte RAM sind aber das Höchste der Gefühle für solche Boards.

Sockel:

Alle Prozessoren müssen auf dem Mainboard in einem Sockel oder Slot untergebracht werden. Dabei haben sich im Laufe der Jahre verschiedene Standards etabliert:

Abb. 33 Prozessor-Sockel

Abb. 34 Prozessor-Slot

486er-Sockel			
	PIN's	**Prozessor**	**Spannung**
Sockel 1	168/169	486DX/SX	5 Volt
Sockel 2	238 238	486DX/SX 486DX2/SX2	5 Volt 5 Volt
Sockel 3	237	486SX/DX	3,3 bzw. 5 Volt
Sockel 6	235	486DX4	3,3 bzw. 5 Volt
AMD 5x86 und 5x86 von Cyrix/IBM passen in alle 486-Sockel.			

Pentium-Sockel					
	PIN's	**Prozessor**	**Takt (MHz)**	**FSB (MHz)**	**Gehäuse**
Sockel 4	273	Pentium I	60/66	50	CPGA
Sockel 5	320	Pentium I	60, 66, 75, 90	50–66	CPGA
Sockel 7	321	Pentium-CPU's	75–200	66	CPGA
		Pentium MMX	133–233	66	CPGA
		K6		66	CPGA
		K6-2		66–100	CPGA
		Cyrix M2			
		IBM 6x86MX			
		IDT Winchip			
Sockel 7 ist auf Boards mit 66 bzw. 100 MHz FSB-Takt enthalten.					
Sockel 8		INTEL Pentium Pro.			

Pentium II/III Slots				
	Prozessor	**Takt (MHz)**	**FSB (MHz)**	**Gehäuse**
Slot 1	Celeron	266–433	66	SEC C2
	P II	233–450	66–100	SEC C2
	manche P III	450–1000	100–133	SEC C2
Slot II	P II / III Xeon			
Slot A	AMD-Athlon	500–1000	100 DDR = FSB200	Card-Module
	ALPHA-Chip			
Die Prozessoren sind auf einer Extra-Platine untergebracht, auf der sich auch der L2-Cache befindet. Nur beim Xeon ist der L2 auf dem Board (512 kB – 1 MB).				

Pentium III-Sockel					
	PIN's	**Prozessor**	**Takt (MHz)**	**FSB (MHz)**	**Gehäuse**
Sockel 370	370	Celeron	300–600	66	PPGA
Achtung: Gesockelte P III oder Celerons können in diesem Sockel nicht verwendet werden.					
Sockel 370 FC-PGA	370	P III	500–1000	100–133	FC-PGA
Achtung: Dieser Sockel sieht aus, wie der 370, ist aber anders beschaltet.					
Sockel Super 7	371	viele AMD's		100	

Weitere Sockel:

- Sockel A für AMD-Prozessoren, wie
  Spitfire, 800 MHz CPU-Takt, 200 MHz FSB, 256 oder 512 kByte Second-Level-Cache,
  Thunderbird, 1 GHz CPU-Takt und mehr, 266 MHz Systemtakt, 256 oder 512 KB L2-Cache,
  Mustang, Taktraten wie Thunderbird, aber mit 1 oder 2 MB Second-Level-Cache.
- Sockel 370 S für Intel-Prozessor, 128 KB Second-Level-Cache, integrierter Northbridge, einer Grafikeinheit ohne ISSE.
- Sockel 423 für Pentium IV (ZIF-Sockel für CPUs mit 423 Pins), mit Intel-Chipsatz für zwei Speicherkanäle für 2 GB Rambus-Speicher.
- Sockel 417 für 64-Bit-Prozessor von INTEL und Hewlett-Packard.
- Sockel 603 für Multiprozessor-PC's mit bis zu acht CPU's, (ZIF-Sockel mit 603 PIN's), mit Intel-Chipsatz, für zwei Speicherkanäle mit Zugriff auf bis zu 32 GB Rambus-RAM und 400 MHz FSB.

Während in der Vergangenheit noch verschiedene Firmen im Prozessormarkt vorhanden waren (Intel, AMD, Cyrix, IDT), haben Intel und AMD zwischenzeitlich diesen Markt weitgehend unter sich aufgeteilt. Deswegen sollen hier auch nur Prozessoren dieser beiden Firmen besprochen werden.

Die wesentlichen Prozessoren im Bereich des PC's sind:

Ältere Prozessoren (nur noch vereinzelt zu finden):

286

Er ist der erste 16-Bit-Prozessor. Er verarbeitet 16-Bit-Operationen und kommuniziert auch mit den Komponenten der Rechnerplatine in 16-Bit-Datenpaketen. Mit 24 Adressleitungen adressiert der 286 bis zu 16 MB Speicher.

386DX

Er ist ein 32-Bit-Prozessor. Er ist zum 286 kompatibel und verarbeitet darüber hinaus den komplexen 32-Bit-Code. Auch besitzt er eine 32 Bit breite externe Datenleitung für die Kommunikation auf der Rechnerplatine, um möglichst viele Daten pro Takt auszutauschen.

Der 386DX arbeitet mit Taktfrequenzen von 16, 25, 33 und 40 MHz.

386 Mainboards sind mit 64, 128 oder 256 kByte L2-Cache ausgestattet.

Für viele Anwendungen oder grafische Benutzeroberflächen ist er noch heute teilweise ausreichend.

386SX

Er ist ein Zwitter zwischen 386DX und 286. Mit einer internen Datenbreite von 32 Bit verhält er sich wie ein 386DX. Extern benimmt er sich mit seinen 16 Daten- und 24 Adressleitungen wie ein 286er und arbeitet so auch in dessen Mainboards. Er bietet sich vor allem für weniger rechenintensive Anwendungen und gelegentliche Ausflüge in grafische Benutzeroberflächen an.

486DX

Er ist im Prinzip nichts anderes als ein 386DX mit einem Coprozessor und einem 8 kByte großen internen L1-Cache. Zusammen mit einem optimierten Microcode (Befehlssatz des Prozessors) bringt diese Integration in einen einzigen Chip eine enorme Leistungssteigerung. Der L2-Cache kann bis zu 256 kByte betragen.

Den 486DX gibt es in Taktfrequenzen von 25, 33, 40 und 50 MHz und ist abwärtskompatibel.

Mit Local-Bus-Systemen wird die volle Leistung des Prozessors erst richtig ausgenutzt.

486DX2

Er ist technisch identisch zum 486DX, besitzt aber eine interne Taktverdoppelung. Zusätze wie DX50 oder DX 66 weisen darauf hin, dass intern mit 50 oder 66 MHz gerechnet wird, extern aber weiter Daten mit 25 / 33 MHz übertragen werden.

Davon profitieren vor allem rechenintensive Anwendungen oder Software, die den Coprozessor unterstützen.

486SX

Er ist die Light-Variante des DX, die um den Coprozessor beraubt wurde. Der Tempozuwachs durch den internen Cache kommt aber immer noch zum Tragen.

Overdrive

Er ist ein kompletter 486DX2, mit dem bestehende 486SX oder 486DX-Systeme aufgerüstet werden können.

Es gibt 2 Versionen:

Nummer 1 findet Aufnahme im dafür vorgesehenen Overdrive-Sockel, Variante 2 ist gedacht für Platinen ohne den genannten Sockel, wobei hier der eigentliche Prozessor ausgehebelt wird und durch den Overdrive ersetzt wird.

Wegen seiner Taktverdoppelung muss der Overdrive auf die Taktfrequenz des alten Systems abgestimmt sein. Aus einem 486SX-25 wird so ein 486DX-50.

Neuere Prozessoren:

Intel Pentium I

Er verarbeitet intern 32-Bit-Instruktionen und kommuniziert über einen 64 Bit breiten Datenhighway mit dem Mainboard, was bei Zugriffen auf den Arbeitsspeicher eine enorme Datenübertragung bringt.

Zusätzlich kann der Pentium mehrere Kommandos in einem einzigen Taktzyklus ausführen.

Auch er ist mit einem internen Co-Pro ausgestattet. Er kann als 60, 66, 75, 100, 120, 133, 150, 166, 200 MHz Prozessor und als 166 MMX, 200 MMX und 233 MMX erhalten werden.

Abb. 35 Pentium I

Pentium mit MMX (Multi Media eXtension)

MMX soll den Prozessor stärker mit in die Ausgabe von Grafik und Sound einbinden und damit verbesserte Ausgaben erreichen. Dabei werden Daten vom Prozessor nicht mehr einzeln, hintereinander bearbeitet, sondern auf mehrere Daten wird eine Operation gleichzeitig angewendet.

Pentium Pro

Der Pentium Pro wurde als High-End-Chip konzipiert, der einen integrierten L2-Cache besitzt, der 256 bzw. 512 kByte enthalten kann. Der Pentium Pro kennt kein MMX und kann auch schlecht mit 16-Bit-Betriebssystemen umgehen. Mit 32-Bit-Betriebssystemen wie Win NT4 kommt der P-Pro aber so richtig auf Touren und ist im Server-Bereich gerne eingesetzt. Er arbeitet mit der BUS-Technologie GTL+ und ist für Multiprozessor-Systeme prädestiniert. Den Pentium Pro gibt es mit 150, 166, 180 und 200 MHz Taktrate.

Abb. 36 Pentium MMX

Abb. 37 Pentium Pro

Alle Intel-Prozessoren seit dem Pentium Pro arbeiten mit dem sogenannten GTL+-Protokoll. Der L2-Cache wurde auf das Prozessormodul verschoben oder in den Prozessor, so dass er schneller betrieben werden kann als ein Mainboard-Cache. Alle aktuellen Desktop-Prozessoren von Intel haben eine Cacheable Area von 4 GByte.

Pentium II

Im Pentium II ist der Kern des P-Pro verarbeitet worden, wobei zusätzlich das MMX hineingearbeitet wurde. Der L2-Cache ist aber wieder aus dem Prozessor genommen worden und auf dem Steckmodul angebracht worden (Prozessorplatine). Dieser beträgt 512 kByte.

Da der Speicherbereich nur 512 Mbyte betragen kann, sollten die ersten P II nicht in Servern eingebaut werden. Bei Nachfolgemodellen ist diese Begrenzung allerdings aufgehoben.

Abb. 38 Pentium II im SEC C2-Gehäuse

Celeron

Der Celeron ist eine Billigvariante des P II. Sein L2-Cache beträgt 128 kByte, integriert im Kern. Sein FSB-Takt liegt bei 66–100 MHz.

Der Celeron arbeitet im Slot 1. Es gibt aber auch neuere Varianten, die den Sockel 370 benutzen. Adapterkarten können für Sockel 370-Prozessoren verwendet werden, damit Slot 1 benutzt werden kann.

Der Celeron arbeitet mit Taktraten von 633, 667, 700, 733, 766 und 800 MHz.

Abb. 39 Celeron im SEC C2-Gehäuse

Abb. 40 Celeron im FC-PGA-Gehäuse

Pentium III

Dieser hat kaum eine Veränderung gegenüber dem P II erfahren. Nur ein neuer Befehlssatz (ISSE) ist dem P III zugefügt worden, den aber kaum eine Anwendung nutzen kann.

P III können im Slot 1 betrieben werden und arbeiten mit 450, 600 MHz (FSB-Takt 100 bzw. 133 MHz). Sein L2-Cache beträgt 512 kByte und sitzt auf der Prozessorplatine.

Eine neuere Variante heißt P III Coppermine, den es für den Slot 1 und Sockel 370 gibt. Er läuft mit Taktraten von 500–933 MHz (FSB 100 bzw. 133 MHz) im Slot 1. Im Sockel 370 sind die Taktraten 500 und 850 MHz (FSB 100 MHz), und 667–933 (FSB 133 MHz). Sein L2-Cache beträgt 256 kByte intern.

P III Xeon

Der Xeon wurde speziell für den Einsatz in Servern entwickelt und arbeitet mit 800 MHz. Der Kern besteht aus dem normalen P III, hat aber wesentlich mehr L2-Cache zur Verfügung (bis 2

Abb. 41 Pentium III Coppermine (Slot 1, ohne Gehäuse)

Abb. 42 P III Xeon

Mbyte), der auf dem Prozessormodul angebracht ist. Dieser ist speziell für den Xeon entwickelt und besteht aus CSRAM.

In einem speziellen Board und mit speziellem Chip-Satz können 4 Xeons als Multiprozessor-System agieren, die mit einem 64-Bit-PCI-BUS arbeiten und bis zu 8 Gbyte RAM ansprechen können. Der Xeon arbeitet im Slot 2.

Pentium IV

Der Pentium IV arbeitet mit Taktraten von 1300, 1400 und 1500 MHz (FSB-Takt von 4x 100 MHz), in einem Sockel 423. Sein L1-Cache beträgt nur 8 kByte, sein L2-Cache 256 kByte.

AMD-K6-2

Der K6-2 arbeitet mit der Befehlssatz-Erweiterung 3DNow!, was eine deutliche Geschwindigkeitsverbesserung im grafischen Bereich darstellt. 3Dnow! stellt ein Pondon zu MMX für AMD-Prozessoren dar.

Er ist für einen FSB-Takt von 100 MHz ausgelegt, arbeitet aber auch mit 66 MHz zuverlässig.

Der K6-2+ hat 128 KBYTE integrierten L2-Cache und gibt es von 300 bis 533 MHz als Sockel 7-Prozessor.

AMD-K6-III

Dieser hat als Sockel-7-Prozessor schon einen integrierten L2-Cache von 256 kByte. Der auf dem Board vorhandene Cache wird zum L3-Cache, der aber keine Bedeutung mehr hat.

Abb. 43 AMD K6

Auch er ist für einen FSB-Takt von 100 MHz ausgelegt, arbeitet aber auch mit 66 MHz ebenso zuverlässig. Den K6-III gibt es mit 400 und 450 MHz.

AMD-Athlon (K7)

Der K7-Athlon benutzt das EV6-Protokoll der Alpha-Prozessoren und benötigt ein neues Mainboard-Design mit einem Slot-A. Der FSB-Takt beträgt 133 MHz.

Ihn gibt es von 600–1500 MHz. Der L2-Cache sitzt auf der Prozessorplatine und beträgt 512 kByte.

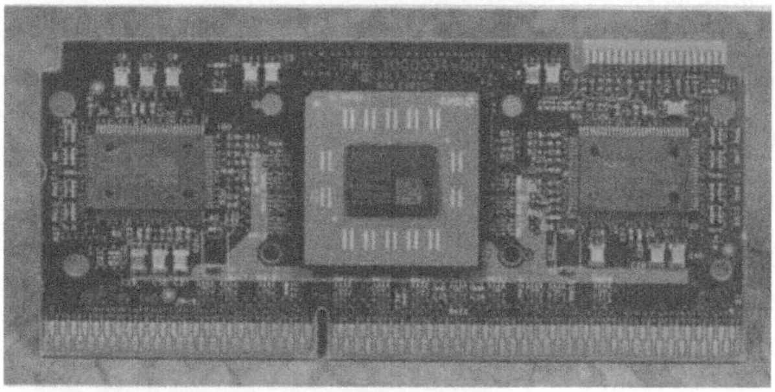

Abb. 44/45 AMD Athlon

Abb. 46 AMD-Thunderbird

AMD-Thunderbird/Duron (K7)

Thunderbird und Duron stellen Varianten des Athlon dar. Der Duron ist eine Billigvariante und für Sockel A vorgesehen. Ihn gibt es in 600–900 MHz-Varianten.

Für Slot A sind vom Thunderbird nur eine begrenzte Anzahl hergestellt worden. Überwiegend soll auch der Thunderbird im Sockel A agieren. Er arbeitet mit Taktraten von 650–1330 MHz.

Produkt	Celeron	PII	PII	PIII	K6-2	K6-3	K7
Erscheinungsjahr	1998-1999	1997	1998	1999	1998	1999	08/99
CPU-Sockel	Slot1/ Sockel370	Slot1	Slot1	Slot1/ S370	Sockel 7/ Super7	Super7	Slot A
Spannung I/O	2,5 V	3,5 V	3,3 V	3,3 V	3,3 V	3,3 V	k.A.
Spannung Core	2 V	2,8 V	2,8 V	2 V	2,2 V	2,2 V	k.A.
Level-1-Cache	32 kB	32 kB	32 kB	32 kB	64 kB	64 kB	128 kB
Level-2-Cache	128 kB	512 kB	512 kB	512 kB	Mainb 256 kB	512 kB	8 MB
Besonderheiten	L2-Cache on Die	MMX	MMX	ISSE	3D-Now!	L3-Cache	200 MHz
Taktfrequenzen							
66 MHz FSB	300/333/ 366/400/ 433/466	233/266/ 300	333		266/300/ 366		
95 MHz FSB					333/380		
100 MHz FSB			350/400/ 450	450/500/ 550	300/350/ 400/450/ 475	400/ 450	500

Neuere Prozessoren arbeiten mit FSB-Takten von 133 MHz, was quasi Standard bei Erscheinen dieser Neuauflage des Buches sein wird.

Alpha-Chip

Er basiert im Gegensatz zur 80X86 Familie auf einem Prozessor-Design mit einem RISC-Befehlssatz. Die Rechenstraßen des Alpha-Chips nehmen 32 oder 64 Bit breite Instruktionen auf, die externe Datenautobahn besitzt gar 128 Spuren und läßt sehr hohe Geschwindigkeiten zu.

Ein Coprozessor und je ein Daten- und Befehls-Cache sind im Alpha-Chip bereits integriert. Der Prozessor wird mit sehr hohen Taktfrequenzen getaktet. Damit eignet er sich für Multitasking Betriebssysteme wie Windows NT, Echtzeit-Grafikberechnungen oder als Server in umfangreichen Netzen.

(Mehr Informationen zur grundsätzlichen Funktion eines Prozessors, siehe Abschnitt „Micro-Prozessor-Technik").

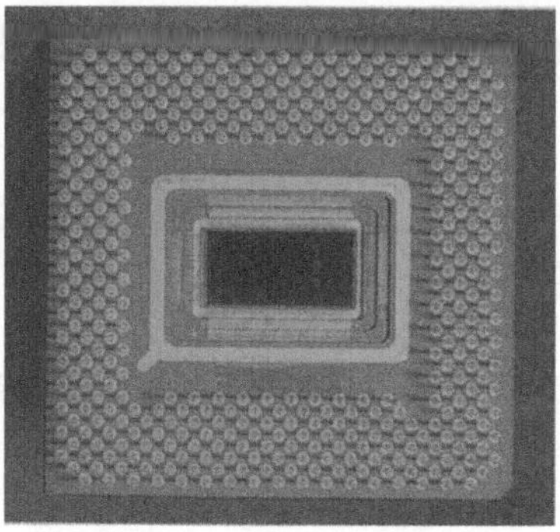

Abb. 47 Alpha-Chip

Begriffe aus dem Prozessor-Bereich:

3DNow!

AMD-spezifische Erweiterung des x86-Befehlssatzes. Befehle für Multimedia-Berechnungen (siehe auch ISSE, MMX).

Cacheable Area

Adressbereich des Arbeitsspeichers, den der L2-Cache abdecken kann. Einsatz von mehr Speicher führt zu Performanceverlust.

Chipsatz

steuert FSB, Speicherbus, AGP-Port, PCI-Bus.

Coretakt

Interne Taktfrequenz des Prozessors (Vervielfachung des FSB-Takts, MHz des Prozessors).

EV6

FSB-Protokoll des AMD Athlon.

FSB, Front Side Bus

Verbindung zwischen Prozessor und Chipsatz (66, 100 und 133 MHz).

GTL+

FSB-Protokoll der Intel-Prozessoren seit dem Pentium Pro.

ISSE (SIMD Streaming Extension)

Intel-spezifische Erweiterung des x86-Befehlssatzes

L1-, L2-Cache

Schnelle Speicher zwischen Prozessor und RAM.

MMX

Multi Media eXtensions, von Intel eingeführte Erweiterung des x86-Befehlssatzes.

PC66, PC100, PC133

Typenbezeichnung bei SDRAM-Speichermodulen, die die maximale Taktfrequenz angibt.

PPGA (Plastic Pin Grid Array)

Chipbauform, beispielsweise für Celeron-Prozessoren

SECC, SECC2, SEPP
(Single Edge Contact Connector, Single Edge Processor Package)

Prozessorbauformen für den Slot 1 oder Slot A

Slot 1

Steckplatz für GTL+-Prozessoren im SECC-, SECC2- oder SEPP-Format

Slot 2

Steckplatz für Intels Xeon-Prozessoren (GTL+)

Slot A

Steckplatz für EV6-Prozessoren im SECC-Format (AMD Athlon)

Sockel 370

Steckplatz für GTL+-Prozessoren im PPGA-Format (Intel Celeron)

Sockel 5, Sockel 7, Super-Sockel-7

Steckplatz für Intel-Pentium und kompatible Prozessoren

SMP-System

Symmetric MultiProcessing; System mit mehreren gleichberechtigten Hauptprozessoren.

Speicherbus

Verbindung zwischen Chipsatz und Speichermodulen.

1.2.16 Netzwerkkarte

Netzwerkkarten müssen speziell für das zu verwendende Netzwerk eingesetzt werden. Das heißt, für Ethernet, Token Ring, etc. sind jeweils die Netzwerkkarten zu verwenden, die für dieses Netzwerk entwickelt wurden. Netzwerkkarten können im ISA oder PCI-BUS verwendet werden, je nach Art, wobei PCI-Karten die leistungsfähigeren Varianten darstellen.

Funktion:

Eine Netzwerkkarte weist zwei Schnittstellen auf: eine BUS-Schnittstelle für die Verbindung zur CPU und eine Netzschnittstelle für den Zugang zum Netzwerk. Die BUS-Schnittstelle leitet Daten und Befehle der CPU an den I/O-Baustein auf der Netzwerkkarte weiter. Der I/O-Baustein wandelt die Daten in eine Form um, die zur Übertragung über das Netzwerk geeignet ist, und gibt die Daten an die Netzwerkschnittstelle ab. Dazu werden die Daten von der Netzwerkkarte in Pakete aufgeteilt (Ethernet 1500 Byte, Token Ring 4 kByte groß) und durch Hinzufügen eines Headers (Adressinformationen) in Frames verwandelt (je nach verwendetem Frame-Typ). Der Header wird beim Empfänger wieder entfernt, so dass die Daten wieder in reiner Form zur Verfügung stehen. Da die Daten im System parallel übertragen werden, muss die Karte noch eine Umwandlung für serielle Übertragung (ein Bit nach dem anderen) vornehmen, da Daten über ein Netzwerk nur seriell übertragen werden können.

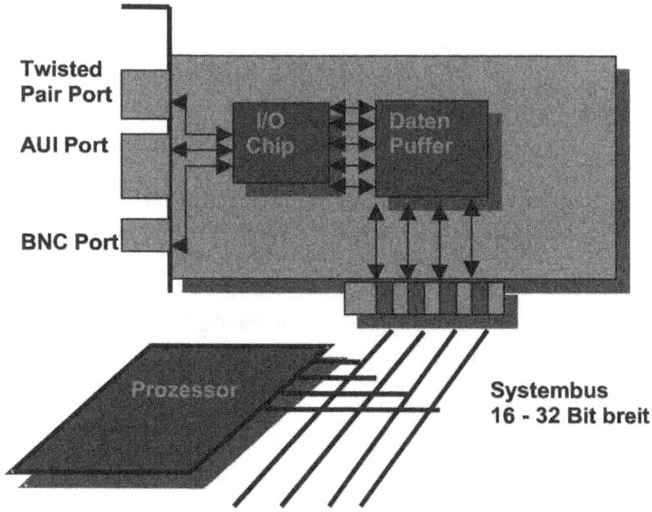

Abb. 48 Netzwerkkarte Kombi-Karte (Blockbild)

Kommt umgekehrt eine Anfrage am Netzwerk-Port an, werden die Daten im Zwischenpuffer abgelegt und die CPU darüber informiert, dass Daten aus dem Netzwerk bereit stehen, woraufhin der Prozessor die momentane Arbeit unterbricht und die Anfrage bearbeitet. Die Daten werden nun wieder in Parallel-Form gebracht, um im System weiter verarbeitet werden zu können.

Eine Fehlererkennung für übertragene Daten ist darüber möglich, dass der Absender den Daten eine Prüfsumme hinzufügt (CRC), die der Empfänger überprüfen kann. Stimmt die Berechnung nicht, sind also Fehler aufgetreten, verlangt der Empfänger automatisch eine neue Übertragung der Daten.

Wichtiges Kriterium einer Netzwerkkarte ist ihre Datenübertragungsrate in Mbit/s (MegaBit pro Sekunde).

Achtung: Wichtig im Netzwerk (wird unter Abschnitt 2.1 „Netzwerk“ noch näher besprochen) Jede Netzwerkkarte hat eine eindeutige MAC-Adresse (physikalische Adresse), die ihr fest zugeordnet ist und die weltweit nur für diese eine Karte existiert. Unter NT kann diese Adresse mit dem Befehl Ipconfig /all abgefragt werden.

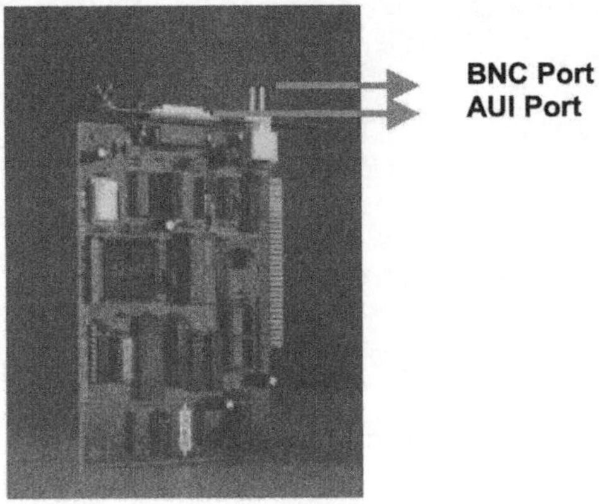

Abb.49 Netzwerkkarte

1.2.17 Drucker

Drucker sind das am weitesten verbreitete externe Gerät, das bei einem Computer eigentlich nicht wegzudenken ist. Bei Druckern wird in Impact- und No-Impact-Druckern unterschieden.

Nadeldrucker:

Ihre Funktionsweise ist relativ simpel. Im Druckkopf, der sich über das zu bedruckende Blatt bewegt, befinden sich eine gewisse Anzahl von Nadeln (9 oder 24). Zwischen Druckkopf und Papier befindet sich nur noch ein Farbband. Jede Nadel wird einzeln angesteuert und schießt, wenn sie einen Punkt auf das Papier setzen soll, vor und drückt das Farbband auf das Papier.

Abb. 50 Nadeldrucker

Abb. 51 Tintenstrahldrucker

Abb. 52 Tintenpatronen

Tintenstrahldrucker:

Tinte, die sich in einem Aufbewahrungstank, der Tintenpatrone befindet, wird über ein Schlauchsystem und anschließend über Kapillare zum Druckkopf befördert. Dort sitzt eine gewisse Anzahl vom Düsen, die die Tinte in einer genau aufeinander abgestimmten Art und Weise auf das Papier spritzen.

Das am weitesten verbreitete Prinzip ist das Bubble-Jet-Prinzip. Beim Bubble-Jet-Verfahren wird die Tinte durch ein Heizelement in ein bis zwei Microsekunden auf über 200 Grad Celsius erhitzt. Dadurch verdampft sie direkt über dem Heizelement. Die entstehende Gasblase stößt die Tinte in Form eines Tropfens hinter dem Heizelement mit einer Geschwindigkeit von bis zu 100 km/h aus der Düse heraus, wo sie dann auf das Papier trifft. Das Heizelement kühlt sofort wieder ab und ist direkt anschließend wieder in der Lage, die durch die Kapillarkraft neu angesaugte Tinte wieder auf das Blatt zu spritzen.

Laserdrucker:

Die Drucktrommel ist der wesentliche Teil eines Laserdruckers. Sie besteht aus einem Aluminiumkern und einer Beschichtung aus einem lichtempfindlichen Halbleiter. Diese Schicht leitet bei Dunkelheit keinen Strom. Sobald aber Licht auf sie fällt, wird sie genau an der belichteten Stelle leitfähig. Die rotierende Trommel wird zuerst positiv aufgeladen. Nun wird die Druckzeile auf die Trommel aufgetragen. Ein Lichtstrahl belichtet genau jene Stellen auf der Trommel, die später auf dem Papier schwarz sein sollen. Das Papier wird jetzt vom Drucker eingezogen und an der Trommel vorbei geführt. Das Blatt läuft nun an einem Tonerbehälter

Abb. 33 Laserdrucker

Abb. 34 Trommeln f. Laserdrucker

vorbei. Dieser enthält einen feinen schwarzen Staub, den Toner, der auf das Papier herabgezogen wird und an den Stellen, die vorher belichtet wurden, elektrostatisch fixiert.

1.2.18 CD-ROM

Funktion:

Laserstrahlen werden auf eine Aluminium-Scheibe gelenkt und passieren dabei einen halbdurchlässigen Spiegel. Bevor die Strahlen auf die CD treffen, werden sie durch Linsen ausgerichtet und treffen schließlich, verengt auf 0.6 Micrometer auf die CD. Dort nehmen sie Informationen, die in Form von Vertiefungen auf der CD gespeichert sind, auf, werden dann durch die Aluminiumschicht auf der CD reflektiert und auf Fotodioden umgelenkt. Diese Fotodioden nehmen die Umwandlung in elektrische Signale vor und geben sie zur Bearbeitung weiter.

CD-ROM's können an einem eigenen Controller, an einem IDE / EIDE-Port oder an einer Sound-Karte (meist auch IDE) betrieben werden.

Eckdaten:

650–700 MB max. Kapazität

350–500 ms Zugriffszeit

300 kB/s Datenübertragungsrate (Double Speed).

1.2.19 DVD (Digital Versatile Disc)

DVD wurde dafür entwickelt, um als universeller Multimediastandard Compact-Discs, Videokassetten, CD-ROM's und PC-Wechselplatten abzulösen.

DVD und CD-ROM sind sich in ihrer Funktion relativ ähnlich:

- Durchmesser 12 mm
- Stärke 1,2 mm
- Durchsichtige Polycarbonatschicht, auf der die Daten enthalten sind
- Reflektierende Aluminiumschicht
- Schutzschicht

Ein Laserstrahl liest die Daten aus der DVD, die als binäre Informationen (PITs) darauf enthalten sind. Die Daten sind in einer Spirale von innen nach außen auf der DVD enthalten. Die Aluminiumschicht reflektiert den Laserstrahl, der dann auf eine Fotoelektrode trifft, die das Licht in ein elektrisches Signal verwandelt.

DVDs können eine sehr hohe Speicherkapazität enthalten, was aus einem reduzierten Spurabstand, einer anderen Wellenlänge des Lasers und einer zweiten Datenschicht im Vergleich zur CD resultiert.

Die Speicherkapazitäten sind:

DVD-ROM (nur lesbare Discs)

- DVD-5: Single Side mit 1 Schicht: Kapazität 4,7 GB, MPEG-Video-Spielzeit ca. 133 Minuten
- DVD-9: Single Side mit 2 Schichten: Kapazität 8,5 GB, MPEG-Video-Spielzeit ca. 241 Minuten
- DVD-10: Dual Side mit 1 Schicht: Kapazität 9,4 GB, MPEG-Video-Spielzeit ca. 266 Minuten
- DVD-18: Dual Layer mit 2 Schichten: Kapazität 17 GB, MPEG-Video-Spielzeit ca. 482 Minuten

DVD-RAM (wiederbeschreibbare Discs)

Single Side mit 1 Schicht: Kapazität 2,6 GB

Single Side mit 2 Schichten: Kapazität 5,2 GB

Eigenschaften der DVD-Video:

- 9 parallele Videospuren,
- Kameraperspektive mittels Fernbedienung selber wählbar,
- 8 digitale Tonspuren mit jeweils 8 Kanälen, wobei unterschiedliche Synchronfassungen gewählt werden können,
- Audio-Formate sind PCM, Dolby Digital, MPEG

Eigenschaften der DVD-Audio:

- 6-Kanal-Sound
- Sampling-Frequenz (bis zu 24 bit/192 kHz)

Die DVD bedingt eigene Abspielgeräte, die fähig sein müssen, verwendete Standards wiederzugeben.

Ein kleines Fazit:

Leider besteht landläufig die Meinung, dass ein PC umso schneller ist, desto schneller der Prozessor. Ob ein PC schnell ist oder nicht, wird aber in erster Linie vom Takt des System-BUSses bestimmt, der bekanntlich Daten zwischen den Peripherie-Einheiten und dem Prozessor überträgt.

Arbeitet dieser mit nur geringen Taktraten, nützt einem der schnellste Prozessor nur bedingt etwas.

Natürlich bringt es immer Vorteile, wenn ein Prozessor Instruktionen so schnell wie möglich ausführen kann. Aber genauso wichtige Kriterien für die Schnelligkeit eines PC's sind außer dem BUS-Takt, die Zugriffszeiten der Festplatte (o.CD-ROM), oder ob mit DMA, Ultra-DMA oder BUS-Mastering gearbeitet wird. (Beim BUS-Mastering regeln eigene Prozessoren auf der Steckkarte den Datentransfer, ohne den Prozessor zu belasten.) Natürlich sind hier auch die Zugriffszeiten der RAM-Chips zu nennen.

1.3 Installation von PC-Komponenten (Grundkonfiguration)

Bei der Installation von Komponenten ist grundsätzlich auf:

- I/O-Basisadresse,
- Interrupt-Kanal und
- DMA-Kanal

zu achten.

Des Weiteren sind immer die Software-Treiber einzubinden und zu laden (System neu booten).

1.3.1 Mainboard installieren

- Bei älteren Boards sind alle Jumper für die gewünschte Konfiguration richtig zu stecken (Takt, Cache, CPU-Typ, Grafik-Mode, CPU-Spannung, etc, Board-Manual beachten).
- Prozessor einsetzen.
- RAM's richtig in die Steckplätze setzen (auf DIMM, PS/2-SIMM, etc. und dessen Slots achten).
- Mainboard in Gehäuse einsetzen und anschließen (Stromversorgung). Dabei dürfen bei P8/P9 die beiden Stecker auf keinen Fall vertauscht werden (schwarze Kabel in die Mitte). ATX kann nicht vertauscht werden.
- Bedien- und Anzeige-Panal anschließen.

1.3.2 Diskettenlaufwerk installieren

Das Laufwerk ist mit einem entsprechenden Einbaurahmen in den für Laufwerke vorgesehenen Schacht im Gehäuse einzubauen. Dabei muss auf eine ordnungsgemäße Betriebslage geachtet werden (nicht auf dem Kopf stehend einbauen).

Die Stromversorgung ist dem Netzteil zu entnehmen (meist kleinere Stecker für 3 1/2", größere Stecker für 5 1/4").

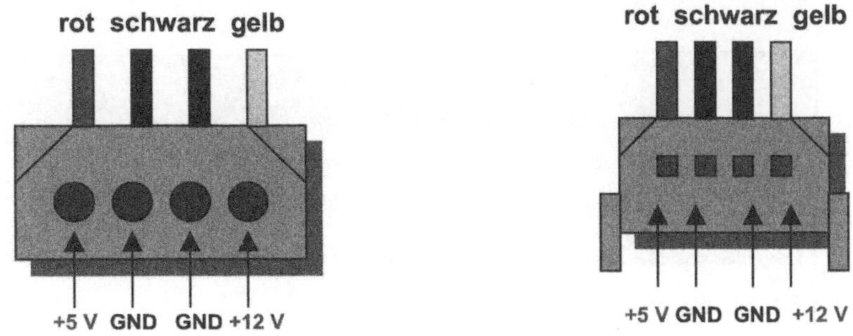

Abb. 1 Spannungsanschlussstecker für Laufwerke mit Spannungspegel und Kabelfarben

Achtung: Die Stecker nicht mit Gewalt aufsetzen, da die Stecker meist nur auf eine bestimmte Art aufgesetzt werden können, um eine Verpolung zu vermeiden.

Das Datenkabel (breites Flachbandkabel) muss mit dem gedrehten Teil an Laufwerk A: angeschlossen werden. Der Stecker nach dem gedrehten Teil ist für Laufwerk B: reserviert.

Das andere Ende ist am FDD-Controller auf dem Mainboard anzuschließen.

Achtung: Dabei ist darauf zu achten, dass die Markierung am Datenkabel (meist rot) an der Steckerleiste des FDD-Controllers mit PIN1 verbunden wird (eine 1 steht neben dem Controller auf dem Board).

Dies gilt auch für den Anschluss des Datenkabels am Laufwerk.

Bei neueren Bauteilen kann der Stecker des Datenkabels auch eine Nase haben, die nur auf eine Art auf den Controller aufgesetzt werden kann, sodass eine Verpolung vermieden wird.

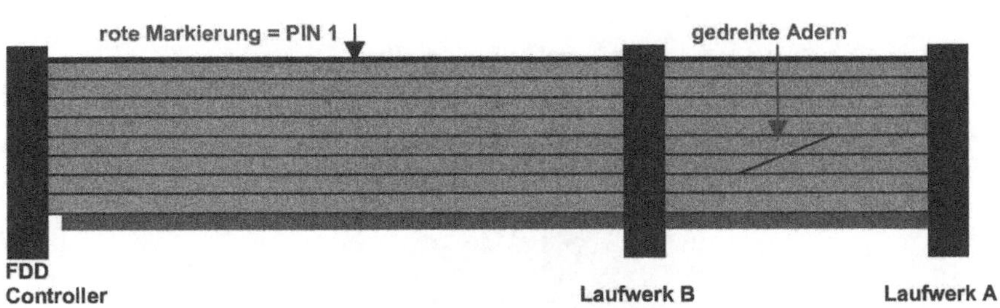

Abb. 2 34-poliges Datenkabel für Floppys

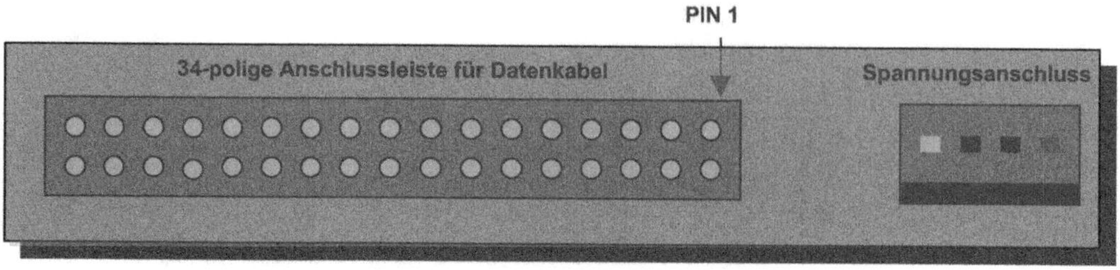

Abb. 3 Floppy Rückseite

Achtung: PIN 1 der Datensteckleiste am Laufwerk liegt in 99 % aller Fälle direkt neben dem Spannungsanschluss.

Ist das Laufwerk eingebaut (neben allen anderen Komponenten), muss es im BIOS angemeldet werden.

1.3.3 IDE-Platte installieren

Die Platte ist mit einem entsprechenden Einbaurahmen in den für Festplatten vorgesehenen Schacht im Gehäuse einzubauen.

Die Stromversorgung ist dem Netzteil zu entnehmen (meist größere Stecker).

Achtung: Die Stecker nicht mit Gewalt aufsetzen, diese Stecker meist nur auf eine bestimmte Art aufgesetzt werden können, um eine Verpolung zu vermeiden.

Die Jumper der Platte müssen entsprechend als Einzelplatte oder als Master / Slave (bei zwei Platten) gesetzt werden. Als Einzelplatte gibt es meistens eine „Stand-Alone-Position" des Jumpers.

Achtung: Bei 2 Platten ist die schnellere Platte als Master zu jumpern und als Bootplatte zu benutzen, weil sonst die schnellere Platte von der langsameren ausgebremst wird.

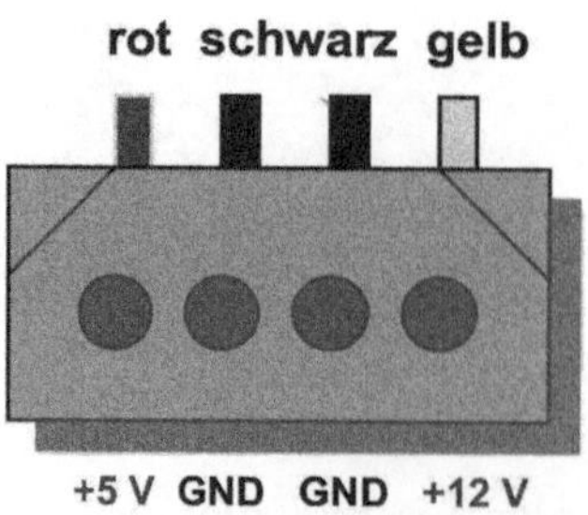

Abb. 4 Festplatten-Spannungsstecker

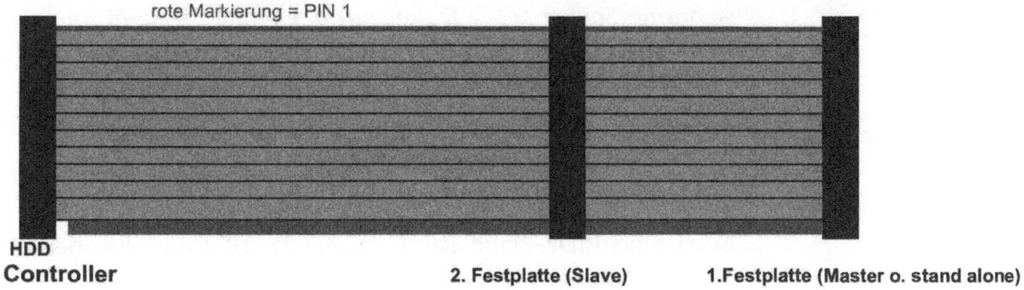

Abb. 5 40-poliges Datenkabel für Festplatten

Bei Festplatten gibt es keine gedrehten Kabel.

Beim Datenkabel ist lediglich wieder auf die rote Markierung zu achten, die auf der Steckerleiste PIN1 signalisiert.

Achtung: Weiter ist darauf zu achten, dass die Markierung am Datenkabel (meist rot) an der Steckerleiste des HDD-Controllers mit PIN1 verbunden wird (eine 1 steht neben dem Controller auf dem Board).

Dies gilt auch für den Anschluss des Datenkabels am Laufwerk.

Bei neueren Bauteilen kann der Stecker des Datenkabels auch eine Nase haben, die nur auf eine Art auf den Controller aufgesetzt werden kann, sodass eine Verpolung vermieden wird.

Die erste Platte (Master (Bootplatte)) ist am einen Ende, die zweite Platte (Slave) am gleichen Ende am zweiten Stecker des Datenkabels anzuschließen.

Es muss nun das Anmelden der Platte im BIOS erfolgen (nach erfolgter Installation aller anderer Komponenten). Die Option USER TYP kann verwendet werden, um die Daten der Platte (Zylinder, Köpfe, Sektoren), die meistens auf der Platte stehen, einzutragen. IDE-Platten dürfen nicht größer als 528 MB sein.

Abb. 6 Festplatte Rückseite

Achtung: Sollten keine Daten auf der Platte vermerkt sein, kann man diese auch von entsprechenden Programmen auslesen lassen (HDIDE, MHIDE).

Manche BIOS-Versionen bieten auch ein Menü an, mit dem eine aut. Erkennung der Plattenparameter und eine aut. Übernahme dieser durchgeführt werden kann.

Auch eine EIDE-Platte kann an einem IDE-Controller betrieben werden, was aber keine Vorteile bringt.

Des Weiteren können an IDE-Controllern auch Platten mit größeren Kapazitäten als 528 MB betrieben werden, wenn entsprechende Treiber vorhanden sind oder wenn das BIOS dieses unterstützt.

Als Nächstes ist die Platte mit FDISK zu partitionieren. Eine primäre Partition muss eingerichtet werden und anschließend aktiviert werden. Diese Partition enthält später die Systemdateien zum Booten. Ihr wird automatisch das Laufwerk C: zugewiesen.

Sodann kann eine erweiterte Partition eingerichtet werden, die nicht aktiviert werden darf und die in weitere logische Laufwerke unterteilt werden kann.

Danach ist die Platte zu formatieren (FORMAT /s) und ein Betriebssystem auf die aktive Partition zu installieren.

1.3.4 EIDE-Platte installieren (s. auch S. 26, UDMA)

Eine EIDE-Platte sollte auch an einem EIDE-Controller betrieben werden, der aus einem Primary- und einem Secondary-Port besteht. Beim Anschluss der Platte ist wie bei der IDE-Platte zu verfahren. Auch das Anmelden der Platte und das Einrichten der Platte unterscheidet sich nicht von IDE.

Ist die Platte größer als 528 MB sollte im BIOS-Setup der LBA-Mode und der entsprechende PIO-Mode eingeschaltet werden, damit die Leistung der Platte voll zur Geltung kommt.

An EIDE-Controllern können bis zu 4 Platten betrieben werden. 2 Platten können am Primary-Port, zwei weitere Platten am Secondary-Port angeschlossen werden. (An jedem Strang auf Master / Slave achten, andere Konfigurationen mit CD-ROM sind möglich).

Achtung: Das BIOS muss dann für 4 Platten ausgelegt sein, oder der Controller verfügt über ein eigenes BIOS. Auch entsprechende Treiber sind möglich.

Standard-Konfiguration: Platte an den Primary-Port, CD-ROM an den Secondary-Port und beide als Master jumpern.

Da sich ein einzelner Controller im System immer den IRQ 14 nimmt, ist auch hier der Primary-Port darauf eingestellt. Der Secondary-Port sollte auf IRQ 15 eingestellt werden, wenn dieser noch frei ist.

1.3.5 SCSI-Host-Adapter / SCSI-Festplatte installieren

Den Host-Adapter in den entsprechenden Slot einsetzen (PCI, ISA). Für Standard- bzw. Fast-SCSI reichen Host-Adapter, die im ISA-BUS arbeiten. Für Fast-WIDE-SCSI oder Ultra-WIDE-SCSI sollten aber doch besser Host-Adapter verwendet werden, die im PCI-BUS arbeiten, da die Übertragungsraten des ISA-BUSses hier einen Flaschenhals darstellen würden.

Host-Adapter der Firma Adaptec arbeiten sehr zuverlässig, benötigen unter Win95/98/ME/NT/2000 keine zusätzlichen Treiber und bereiten bei der Konfiguration die wenigsten Probleme (PnP). Unter Novell sind spezielle Treiber notwendig (*.dsk oder *.ham Treiber), die sich aber auch meistens problemlos installieren lassen. SCSI-Festplatten benötigen keine weiteren Treiber. Alle anderen an den SCSI-BUS angeschlossenen Geräte benötigen die Treiber der Geräte-Firma.

Der Platte und eventuell weitere SCSI-Geräte werden über Schalter oder Jumper, die sich auf dem Gerät befinden, Identifikationsnummern zugewiesen (0-6 bzw. 0-14). Dies kann eventuell aber auch über das SCSI-BIOS gemacht werden (beim Booten des Computers erscheint in SCSI-Systemen eine Meldung mit der Tastenkombination, um in das SCSI-BIOS zu gelangen). Im SCSI-BIOS werden u. a. auch zu verwendende Datenübertragungsraten eingestellt.

Die Bootplatte sollte immer die Nummer 0 (ältere Host-Adapter) und der SCSI Host-Adapter immer die Nummer 7 (Standard) bzw. 15 (WIDE) bekommen.

Achtung: Zwei Geräte dürfen nicht die gleiche ID haben.

Terminatorwiderstände dürfen nur am jeweils letzten Gerät des SCSI-Stranges gesetzt sein.

Alle am SCSI Bus angeschlossenen Geräte werden vom HOST selber erkannt.

Der Host-Adapter (Einsteckkarte, manche Mainboards haben ihn aber auch integriert) arbeitet mit dem Hardware unabhängigen Treiberkonzept ASPI (verantwortlich dafür, dass verschiedene Geräte verwendet und erkannt werden). Der HOST selber muss aber oftmals über Jumper oder das SCSI-BIOS konfiguriert werden (I/O-Adresse, DMA, IRQ, ROM-Adresse, Manual beachten). Bei PnP-fähigen Adaptern und Betriebssystem geschieht dies automatisch.

Ein Anmelden der SCSI-Geräte im BIOS des PC entfällt (Festplatte muß mit NOT INSTALLED eingetragen sein).

Ohne Verwendung von SCSI-Gerätetreibern können unter DOS zwei übliche Diskettenlaufwerke (konventionell im BIOS anmelden) und zwei SCSI-Platten betrieben werden.

SCSI Gerätetreiber müssen verwendet werden (in Config.Sys eintragen), wenn:

- DOS-Programme im Protected Mode verwendet werden sollen,
- andere Betriebssysteme als DOS verwendet werden sollen,
- für mehr als zwei Festplatten,
- andere SCSI Geräte wie CD ROM, Streamer etc. verwendet werden sollen.

DEVICE=ASPI4DOS.SYS

DEVICE=ASPIDISK.SYS

Sodann ist die SCSI-Platte einzurichten:

- SCSI Platten müssen oft LOW-LEVEL-formatiert werden,
- Partitionieren mit FDISK,
- Formatieren mit FORMAT,
- Betriebssystem auf Platte kopieren

1.3.6 Grafikkarte installieren

Die Grafikkarte ist ihrem zugehörigen BUS-System (ISA, PCI, AGP, etc.) entsprechend in einen freien Slot zu stecken. Bei älteren Karten sind ggf. Jumper auf der Grafikkarte für den zu verwendenden IRQ zu setzen.

Nach der Installation des Betriebssystems sind die Grafik-Treiber einzubinden.

Das VGA-Monitorkabel ist mit der Grafikkarte zu verbinden.

Achtung: Eine Grafikkarte sollte so weit wie möglich vom Netzteil entfernt eingesteckt werden, da Streuspannungen vom Netzteil die Bildausgabe der Grafikkarte negativ beeinflussen können.

Betriebssysteme wie WIN9.x/ME, WIN NT4/2000 binden Grafikkarten über Plug&Play aut. ein, wenn die Grafikkarte der Hardwarekompatibilitätsliste des Betriebssystem entspricht.

Besser ist es allerdings immer, wenn die eigenen Treiber der Karte installiert werden.

1.3.7 CD-ROM installieren

Beim Installieren eines CD-ROM-Laufwerkes ist wieder auf IRQ, DMA und I/O-Adresse zu achten. Dabei gibt es aber auch CD-ROM's, bei denen diese Dinge per Software erledigt werden.

Auf PIN1 am Datenkabel ist wieder zu achten.

Achtung: CD-ROM's können an einen IDE- / EIDE-Controller angeschlossen werden, wenn sie über den ATAPI-Standard verfügen.

Ansonsten sind CD-ROM's nur an eigenen Controllern oder über eine Sound-Karte anzuschließen. (Besonderheit: SCSI-CD-ROM).

An IDE-Controller:

Das CD-ROM muss als zweite Festplatte an das Datenkabel der 1. Platte angeschlossen werden. Das CD-ROM wird als Slave, die Platte als Master gejumpert. Nachteil dieser Lösung ist ein Ausbremsen der Platte durch das CD-ROM.

Achtung: Manche Festplatten vertragen sich nicht mit CD-ROM's am gleichen Strang.

Meistens sind keine Einträge ins BIOS für das CD-ROM zu machen (manchmal ja, BIOS beachten).

Sodann ist der DOS-Treiber zu installieren, welcher sich auf einer Diskette befindet, die zum Lieferumfang des CD-ROM's gehört (wenn das CD-ROM auch unter DOS funktionieren soll).

System neu booten.

An EIDE-Controller:

Theoretisch können zwei CD-ROM's, wie bei IDE beschrieben, an jeden Strang angeschlossen werden.

In der Praxis wird das CD-ROM am Secondary-Port angeschlossen und als Master gejumpert. Vorteil dieser Lösung ist, dass die Platte am Primary-Port allein laufen und ihre volle Geschwindigkeit entfalten kann.

Sodann ist der Treiber zu installieren, welcher sich auf einer Diskette befindet, die zum Lieferumfang des CD-ROM's gehört (wenn das CD-ROM auch unter DOS funktionieren soll).

System neu booten.

Achtung: Betriebssysteme wie WIN9.x/ME, WIN NT4/2000 binden CD-ROM's über Plug&Play aut. ein, wenn das CD-ROM der Hardwarekompatibilitätsliste des Betriebssystem entspricht. Das Laden der CD-ROM-Treiber entfällt.

Soll das CD-ROM auch unter DOS funktionieren, muss der mitgelieferte Treiber installiert werden.

An eigenem Controller (nur noch sehr vereinzelt zu finden):

Hier ist darauf zu achten, dass es durch den zusätzlichen IDE-Port auf dem eigenen Controller nicht zu Hardware-Konflikten kommt. Ggf. ist der Secondary-Port auf dem Board zu disenablen, da der Port auf dem eigenen Controller oft als Secondary-Port eingestellt ist.

An einer Soundkarte:

Fast alle CD-ROM's lassen sich über einen dafür vorgesehenen Controller auf der Soundkarte steuern. Allerdings muss er zur Soundkarte passen (Manual beachten).

Zudem ist darauf zu achten, dass der Port auf der Soundkarte nicht mit einem Port im System in einen Hardware-Konflikt gerät. Ggf. ist der Secondary-Port auf dem Board zu disenablen, da der Port auf dem eigenen Controller oft als Secondary-Port eingestellt ist.

SCSI-CD-ROM:

Hier ist nur darauf zu achten, dass der Terminator richtig gesetzt und die ID-Nummer richtig vergeben ist.

Ansonsten ist das CD-ROM nur an den SCSI-Strang (Datenkabel, welches etwas breiter als IDE ist) anzuschließen (PIN1 beachten).

1.3.8 Netzwerkkarte installieren

Die Netzwerkkarte ist ihrer BUS-Zugehörigkeit entsprechend in einen freien Slot zu stecken. Das Netzwerkkabel ist an der Karte am entsprechenden Port anzuschließen (BNC, AUI, TP).

Die Karte muss konfiguriert werden (IRQ, I/O-Port, verwendeter Anschluss). Bei einigen Netzwerkkarten ist dies über Jumper auf der Karte zu erledigen. Andere Karten werden über eine mitgelieferte Software konfiguriert, was noch vor Laden eines Betriebssystems unter DOS erfolgen muss.

Achtung: Betriebssysteme wie WIN9.x/ME, WIN NT4/2000 binden Netzwerkkarten über Plug&Play aut. ein, wenn die Netzwerkkarte der Hardwarekompatibilitätsliste des Betriebssystem entspricht.

Die karteneigenen Treiber für das verwendete Betriebssystem sind aber meistens besser.

Die Einstellungen der Karte selber sind aber trotzdem vor Laden des Betriebssystems unter DOS zu machen.

1.3.9 Streamer installieren

Bei der Installation eines Streamers kann auf zwei Arten verfahren werden:

1. Installation am Floppy-Kabel:

Der Streamer wird mit seinem Datenkabel am dafür vorgesehenen Stecker mit dem Floppy-Datenkabel verbunden.

Achtung: Dabei ist wieder auf darauf zu achten, dass die rote Markierung der Datenkabel übereinstimmen (PIN1).

2. Installation an einer eigenen Einsteckkarte:

Diese Variante schafft die wenigsten Probleme, da auf der Einsteckkarte die DMA- und Interrupteinstellungen zunächst hardwaremäßig geregelt werden können.

Bei beiden Varianten sind sodann die Treiber von der beigelegten Installationsdiskette zu laden.

Bei der Installation über eine eigene Einsteckkarte können im Software-Setup nun die eingestellten Werte für IRQ und DMA übernommen werden, und man kann so einem Hardware-Konflikt aus dem Weg gehen, den ein Anschluss am Floppy-Kabel mit sich bringen kann, da meistens die freien Kanäle nicht bekannt sind.

1.3.10 Soundkarte installieren

Die Soundkarte muss ihrem BUS-System entsprechend in einen freien Slot gesteckt werden. Dann sind die Treiber von der mitgelieferten Diskette zu laden.

Achtung: Betriebssysteme wie WIN9.x/ME, WIN NT4/2000 binden Soundkarten über Plug&Play aut. ein, wenn die Soundkarte der Hardwarekompatibilitätsliste des Betriebssystem entspricht.

Es ist darauf zu achten, dass ein eventueller IDE-Port auf der Soundkarte nicht in einen Hardware-Konflikt mit einem Port im System gerät, da der Port auf der Soundkarte meistens als Secondary-Port gejumpert ist. Sollte ein Secondary-Port auf dem Board sein, muss der Port auf der Soundkarte disenabled werden.

Das Audio-Kabel ist mit dem CD-ROM zu verbinden (wenn vorhanden).

1.3.11 Vorgehensweise beim Aufbau eines PC's (Grundkonfiguration)

Gehäuse und Netzteil:

Nur auf richtige Spannungseinstellung (220 V) achten.

↓

Mainboard:

Alle Jumper für die gewünschte Konfiguration richtig stecken (bei älteren Boards). Manual beachten (Takt, Cache, CPU-Typ, Grafik-Mode, etc).

Prozessor einsetzen.

RAM's richtig in die richtigen Steckplätze (PS/2, DIMM) einsetzen.

Mainboard einsetzen und anschließen (Stromversorgung.) Dabei dürfen bei P8/P9 die beiden Stecker auf keinen Fall vertauscht werden (bei P8/P9 schwarze Kabel in die Mitte), ATX kann nicht vertauscht werden.

Bedien- und Anzeige-Panal anschließen.

Disketten-Laufwerke:

Darauf achten, dass die LWs nicht auf dem Kopf stehend eingebaut werden.

LW A: am gedrehten Kabel,
LW B: am Stecker ohne gedrehten Teil

Auf PIN1 am Datenkabel achten.

Bei Stromversorgung auf Verpolung achten (keine Gewalt).

Laufwerks-/Festplatten-Controller:

LWs und Festplatten an entsprechenden Anschluss anschließen (Pri.-/Sec.-Port). Auf Markierung PIN1 am Datenkabel und Controller achten.

Ist der Panal-Anschluss für die Festplatte falsch herum aufgesteckt, erfolgt keine Anzeige der Festplattenaktivitäten.

Festplatte:

Darauf achten, dass die Festplatte in einer ordnungsgemäßen Betriebslage im dafür vorgesehenen Schacht eingebaut wird.

Datenkabel von der Festplatte mit dem Controller (Primary-Port) verbinden (jeweils auf PIN1 achten).

Stromversorgung anschließen (auf Verpolung achten).

CD-ROM:

Darauf achten, dass das CD-ROM in einer ordnungsgemäßen Betriebslage im dafür vorgesehenen Schacht eingebaut wird.

Datenkabel vom CD-ROM mit dem Controller (Secondary-Port) verbinden (jeweils auf PIN1 achten).

Stromversorgung anschließen (auf Verpolung achten).

Grafikkarte:

Grafikkarte so weit wie möglich vom Netzteil entfernt einbauen, da Streuspannungen (elektr. magnetische Felder) die Bildwiedergabe beeinflussen können.

Eventuelle Jumper auf der Karte entsprechend IRQ - I/O stecken.

Standard CMOS-Setup (BIOS) durchführen:

Rechner mit Startdiskette starten (Herstellung einer DOS-Startdiskette siehe 3.1.11) und entsprechende Tastenkombination drücken, um ins BIOS zu gelangen.

Hier sind nun alle Grundeinstellungen, die die Hardware-Konfiguration des PC betreffen vorzunehmen. (Anmelden von Festplatten (Sektoren, Zylinder, Köpfe oder AutoDetect zur Erkennung), Floppys, Grafiktyp, Tastatur, etc. und Konfiguration der Hardware vornehmen, Manual beachten).

Partitionieren und Formatieren der Festplatte:

Rechner mit Startdiskette neu starten.

Partitionen einrichten (Befehl FDISK).

Primäre Partition einrichten und aktivieren. (Bekommt die Systemdateien und das Betriebssystem übertragen. Von dieser Partition wird gebootet).

Bei Bedarf erweiterte Partition einrichten, in der logische Laufwerke erstellt werden können. (Sinnvoll bei größeren Platten unter FAT, damit die Platte in kleinere log. LW´s unterteilt wird um die Cluster-Größe klein zu halten (spart Speicherplatz)).

Formatieren der Platte mit FORMAT /s (/s = Übertragen der Start- und Systemdateien).

Rechner nun ohne Startdiskette neu starten (wenn alles richtig gemacht wurde, muss der Rechner jetzt von alleine bis zum DOS-Prompt hoch laufen). Soll ein Betriebssystem von Diskette installiert werden, diese Diskette einlegen und Setup starten.

Soll ein Betriebssystem von CD installiert werden, wie folgt verfahren: Alle Hersteller von Betriebssystemen liefern zu ihren CD's auch Startdisketten mit. Diese Diskette einlegen und Setup durchführen (Eingabe von Setup, Install oder ähnlich).

Sollte diese Diskette nicht vorhanden sein, oder wird das eingebaute CD-ROM von der Startdiskette nicht unterstützt, CD-ROM lauffähig machen und das Setup direkt von CD-ROM starten.

Dazu den Rechner bis zum DOS-Prompt allein hoch laufen lassen. DOS-Startdiskette einlegen und die Datei MSCDEX.EXE (sollte auf der Startdiskette sein) auf die Festplatte kopieren.

Anschließend die Treiber-Diskette des CD-ROM's mit dem DOS-Treiber einlegen. (Beim Kauf des CD-ROM's darauf achten, dass diese Treiber-Diskette mitgeliefert wird).

Auf LW A: wechseln und Treiber-Setup starten (Setup, Install oder ähnlich).

Rechner ohne Startdiskette neu starten.

Das CD-ROM sollte sich jetzt vom DOS-Prompt aus mit dem entsprechenden Laufwerks-Buchstaben ansprechen lassen (CD mit dem zu installierenden Betriebssystem muss eingelegt sein). Auf der CD in das entsprechende Verzeichnis wechseln und Betriebssystem-Setup starten.

Nach der Installation des Betriebssystems die Treiber für die Peripherie einbinden.

Vorüberlegungen zur Installation von Betriebssystemen:

Soll DOS/WIN 3.x, WIN9.x/ME auf der Platte installiert werden, müssen alle Partitionen, nachdem sie mit FDISK eingerichtet wurden, mit dem FORMAT-Befehl formatiert werden (FAT-System).

Soll Novell-Netware auf die Platte installiert werden, darf mit FDISK nur eine 10–15 MB große Partition auf der Platte eingerichtet werden und mit dem FORMAT-Befehl FAT-formatiert werden. Der Rest der Platte muss unpartitioniert und unformatiert bleiben, da Netware während der Installation hier hinein ein Netware-Volume anlegt.

Soll WIN NT4 /2000 installiert werden, muss die Platte ebenfalls erst mit FDISK partitioniert und FAT-formatiert werden, da NT am Anfang der Installation zuerst alle Installations-Files temporär auf die Platte kopiert, um von dort dann die eigentliche Installation zu beginnen. Bei Bedarf kann die FAT-Formatierung auch beibehalten werden (nicht zu empfehlen) oder während der Installation in NTFS umgewandelt werden.

Achtung: NTFS-Partitionen sind mit dem normalen FDISK nicht mehr zu entfernen, da die NTFS-Partitionen meistens nicht erkannt werden.

Abhilfe: OS/2-Boot-Disketten besorgen. Mit dem darauf enthaltenen FDISK werden NTFS-Partitionen als HPFS-Partitionen erkannt und können damit auch entfernt werden.

Soll Linux installiert werden, darf die Platte ebenfalls nicht partitioniert oder formatiert werden, da während der Installation von Linux eigene Partitionen und Dateisysteme erzeugt werden müssen.

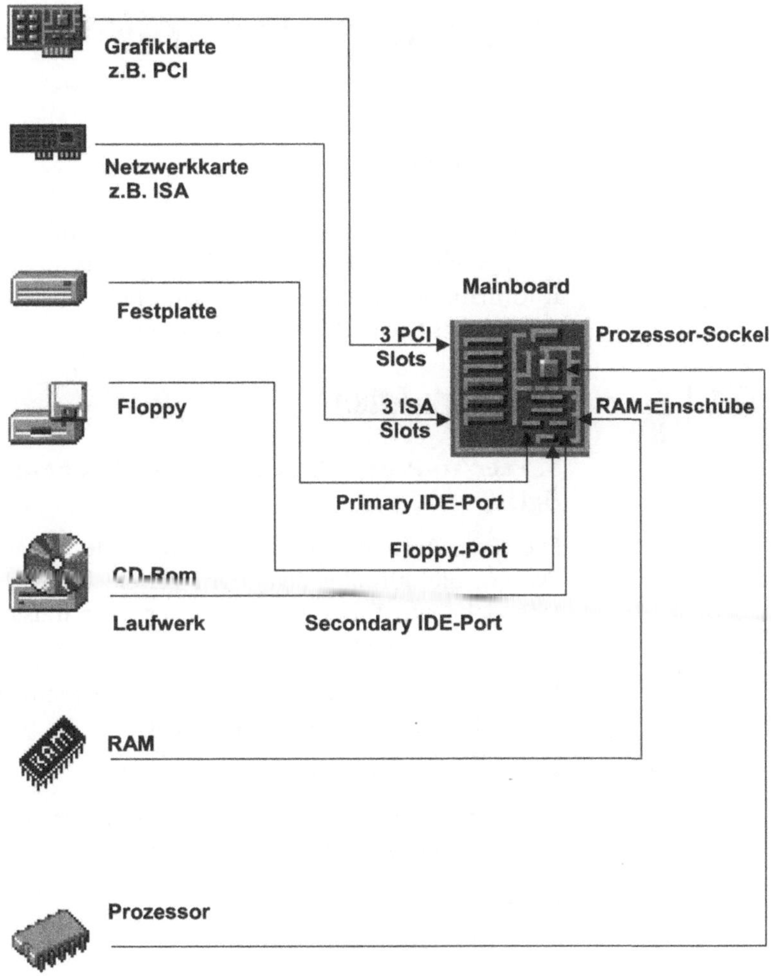

Abb. 7 Aufbau eines PC's (Grundkonfiguration)

2 Netzwerk-Technik

2.1 Netzwerke

Unter einem Netzwerk wird die Verbindung von mindestens zwei Rechnern verstanden, die gemeinsam Ressourcen nutzen, Informationen gegenseitig austauschen und mit einem einheitlichen Datenbestand arbeiten können.

2.1.1 Netzwerk-Arten

1. Peer-To-Peer-Netzwerk (alle Rechner sind gleichberechtigt):

Die Peer-Rechner benutzen gemeinsam Ressourcen (Drucker, Daten), die auf allen Rechnern verteilt liegen können (schlechte Übersicht, wo Daten liegen). Jeder Peer muss für die Sicherheit seiner Ressourcen selber sorgen.

Ein Peer kann Client sein (wenn er Ressourcen anfordert) oder Server (wenn er Ressourcen verteilt).

- Datenaustausch auf Freigabeebene
- wenn benutzerabhängig, muss jeder Benutzer auf jeder Workstation (WS) bekannt sein
- hoher Verwaltungsaufwand
- keine Datenkonsistenz
- Zugriffskontrolle schwierig
- Datensicherung schwierig
- nur für kleinere Netzwerke zu empfehlen

2. Server basiertes Netzwerk (Client/Server-Prinzip):

In einem serverbasierten Netzwerk gibt es Server, die Dienste und Ressourcen anbieten (starke, leistungsfähige Rechner, die nur für diesen Zweck optimiert sind) und Clients (benutzerorientierte Rechner), die die Ressourcen der Server nutzen.

- zentrale Verwaltung der Freigaben der Benutzerdatenbank des Servers
- zentrale Verwaltung der Daten
- Nutzer müssen nur auf dem Server bekannt sein
- Datenkonsistenz ist Gewähr leistet
- Zugriffskontrolle möglich
- Datensicherung einfach

3. Ausdehnungen:

LAN (Local-Area-Network)

- Lokales Einsatzgebiet
- hohe Übertragungsraten
- Übertragungsmedium = Kabel

MAN (Metropolitan-Area-Network)

- Einsatzgebiet im Stadtbereich und bis zu 50 km Umkreis
- noch hohe Übertragungsraten
- Übertragungsmedium = besonderes Kabel

WAN (Wide-Area-Network)

- Einsatzgebiet weltweit
- geringe – mittlere Übertragungsraten
- Übertragungsmedium = öffentliche Kabel, Satelliten, Richtfunk

2.1.2 Übertragungsmedien

Koaxial-Kabel (10BASE-2):

- Wird im BUS-Netz verwendet (siehe 2.1.3 „Topologien").
- Axialer Innenleiter, geflochtener Außenleiter.
- Die Netzkarte muss einen BNC-Anschluss haben.
- Das Kabel wird über T-Stücke direkt mit der Karte verbunden.
- Die Enden des BUSses müssen mit Terminatoren (Widerständen) abgeschlossen werden.

Twisted-Pair (10BASE-T):

- Wird überwiegend mit der Stern- oder Baum-Topologie verwendet (siehe Abschnitt 2.1.3 „Topologien").
- Verdrilltes Paar (können auch mehrere sein, können abgeschirmt (STP) oder nicht abgeschirmt (UTP) sein).
- Die Netzkarte muss einen UTP-Anschluss (RJ 45) haben.
- Die PC´s werden mit dem Kabel über HUB's (siehe Abschnitt 2.1.14 „Geräte im Netz") an das Netzwerk angeschlossen.

Fiber-Optic-Kabel (10BASE-F) (Glasfaser):

Lichtwellenleiter

Kupferkabel (Coaxial)		
Kabeltyp	**Impedanz**	**Einsatzgebiete**
RG-58/U	53,5 OHM	teilweise für Ethernet eingesetzt
RG-58A/U	50 OHM	Thinwire-Ethernet, 10Base2
RG-58C/U	50 OHM	Thinwire-Ethernet, 10Base2
RG-59	75 OHM	Kabelfernsehen
RG-62	93 OHM	SNA (3270), ARCnet

Kupferkabel (Twisted Pair)				
Kabeltyp	**Spezifikation**	**spezifiziert**	**Impedanz**	**Einsatzgebiet**
STP	IBM Typ 1/9	20 MHz	150 OHM	4/16-MBit-Token-Ring
UTP-1 Kategorie 1	EIA/TIA-568	–	100 OHM	Analoge Sprachübertragung, Alarmsysteme
UTP-2 Kategorie 2	EIA/TIA-568	–	100 OHM	IBM-Verkabelung Typ3 (Sprache)
UTP-3 Kategorie 3	EIA/TIA-568	16 MHz	100 OHM	10BaseT, 100BaseT4, 100-VG-Anylan, 4-MBit-Token-Ring, ISDN
UTP-4 Kategorie 4	EIA/TIA-568	20 MHz	100 OHM	16-MBit-Token-Ring
UTP-5 Kategorie 5	EIA/TIA-568	100 MHz	100 OHM	100BaseTx, ATM

Glasfaser-Kabel			
Kabeltyp	**Durchmesser** (Kern/Gesamt)	**Bandbreite** (Länge 1 km)	**Einsatzgebiet**
Multimode mit Stufenprofil	100 bis 400 µm / 200 bis 500 µm	100 MHz	unter 1 km
Multimode mit Gradientenprofil	50 µm / 125 µm	1 GHzLAN	Backbone, ATM
Multimode mit Gradientenprofil	62,5 µm / 125 µm	1 GHzLAN	Backbone, ATM
Monomode Single-mode mit Stufenprofil	8 µm/125 µm	100 GHz	Netzwerke mit mehr als 1 GBit pro Sekunde

Zusammenfassung von Daten der wichtigsten Übertragungsmedien:

10Base2 oder Thin-Ethernet:	
Mindestabstand zwischen 2 Clients	0.5 m
Einzelnes Kabelsegment	185 m
Gesamtes Netz darf nicht länger sein als	925 m
Max. Anzahl von Knoten pro Segment (Inc. Clients und Verstärker)	30

Im gesamten Netz darf es nicht mehr als 5 Segmente geben, die über max. 4 Verstärker verbunden werden können, und nur in 3 der 5 Segmente dürfen Knoten enthalten sein.

10Base5 oder Thick-Ethernet:	
Mindestabstand zwischen 2 Transceivern	2.5 m
Einzelnes Kabelsegment	500 m
Gesamtes Netz darf nicht länger sein als	2500 m
Max. Anzahl von Knoten pro Segment (Inc. Clients und Verstärker)	100
max. Länge des Kabels vom Transceiver → Computer	50 m

10Base-T Thin-Ethernet (Twisted-Pair)	
Mindestabstand zwischen 2 Clients	2.5 m
Max. Wegstrecke vom Verteiler zum Computer	100 m
Gesamtes Netz darf nicht länger sein als	925 m
Max. Anzahl von Knoten innerhalb eines LANs	1024

Bezeichnungen der Übertragungsmedien:

10BASE-2

10BASE-5

100BASE-T

10BASE-F

10BROAD36

1BASE5

Die erste Zahl gibt die Übertragungsrate in MBit/s (Megabit pro Sekunde) an.

BASE bzw. BROAD steht für Basis- bzw. Breitband.

Die letzte Zahl/Buchstabe steht für die max. Ausdehnung pro Segment in Hundert Meter, bzw. für das Medium.

T für Twisted-Pair, F für Fiber-Optic, 2 für 200 m, 5 für 500 m, wobei aus der 2 ersehen werden kann, dass hier Thin-Ethernet (meist Twisted-Pair) und aus der 5 Thick-Ethernet (Yellow Cable), benutzt wird.

Die 100BASE-T unterscheiden sich noch in:

100BASE-T4	100 MBit/s über vierpaariges Kategorie-3-Kabel
100BASE-FX	100 MBit/s über zwei Glasfaserleitungen
100BASE-TX	100 MBit/s über zweipaariges Kategorie-5-Kabel (STP oder UTP)

Achtung: Für die jeweiligen Übertragungsraten (10 bzw. 100 MBit/s) müssen auch die entsprechenden Netzwerkkarten, die die Übertragungsrate garantieren, verwendet werden. D.h., über 100-MBit-Karten können natürlich auch 10 MBit übertragen werden, während 10-MBit-Karten keine 100 MBit übertragen können.

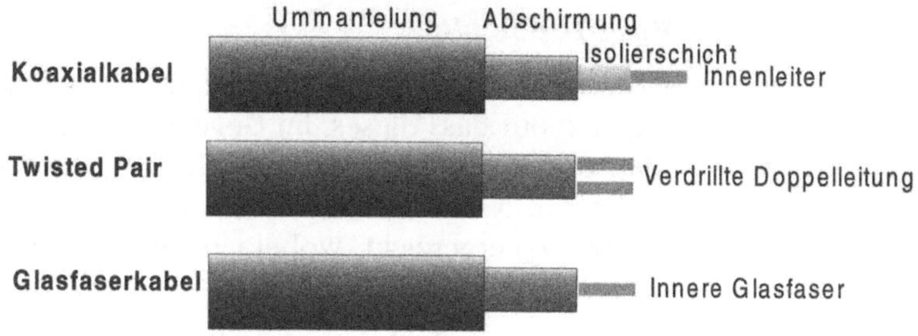

Abb. 1 Kabel

2.1.3 Topologien

Unter einer Netzwerk-Topologie wird die physikalische Auslegung der Verkabelung eines Netzes verstanden. Sie beschreibt nicht nur die elektrische Verbindung, sondern auch die Richtung des Datenflusses im Netz zwischen den Stationen.

BUS-Topologie:

Beim Bussystem sind alle Rechner an einem gemeinsamen, passiven Medium, dem Bus, angeschlossen. Jede Station kann frei, unabhängig von einem Host, kommunizieren. Die Busenden müssen durch Terminatoren abgeschlossen werden. Ein Bussystem hat den geringsten Kabelbedarf.

Informationen fließen in allen Richtungen.

Der Server sollte in der Mitte sein (muss aber nicht).

Der Ausfall eines Knotens führt nicht zum Ausfall des Netzes, wenn es nicht gerade der Server ist. Kabelbruch führt zum Ausfall des Netzes, weil kein Abschluss mehr gegeben ist.

Bekannt geworden ist das Bussystem mit Ethernet.

Die BUS-Topologie eignet sich nur für kleinere Netzwerke.

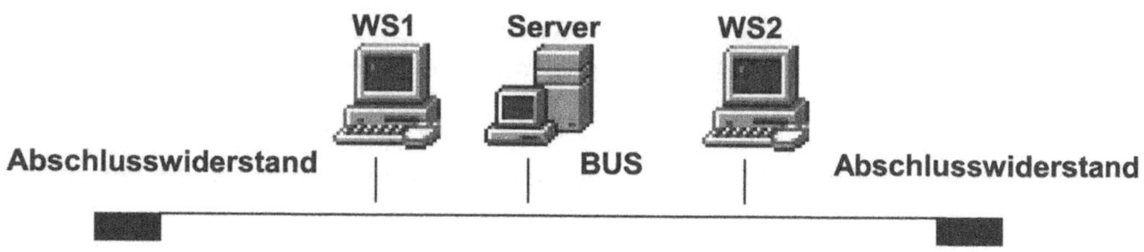

Abb. 2 BUS-Topologie

Ring-Topologie:

Es wird ebenfalls ein gemeinsames Übertragungsmedium verwendet, nur dass dieses, im Gegensatz zum Bussystem, zu einem Ring zusammen geschlossen ist. Jede Station hat einen Vorgänger und einen Nachfolger. Die Informationen werden von Station zu Station weitergereicht, wobei jede Station prüft, ob die Nachricht für sie bestimmt ist.

Informationen fließen in einer Richtung.

Die Ring-Topologie hat die absolut geringste Kabelmenge bei kleineren Netzen.

Der Ausfall eines Knotens oder Kabelbruch führt zum Ausfall des Netzes.

Bekannt geworden ist das System durch Token-Ring.

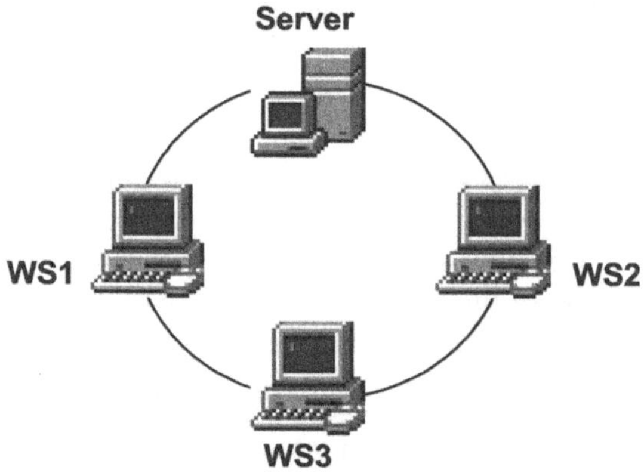

Abb. 3 Ring-Topologie

Stern-Topologie:

Die Sterntopologie ist eine klassische Auslegung, die im Großrechnerbereich verwendet wird. In der Mitte befindet sich der Host und sternförmig daran angeschlossen sind die I/O-Systeme.

Informationen fließen in beiden Richtungen.

Knotenausfall oder Kabelbruch führt nicht zum Ausfall des Netzes.

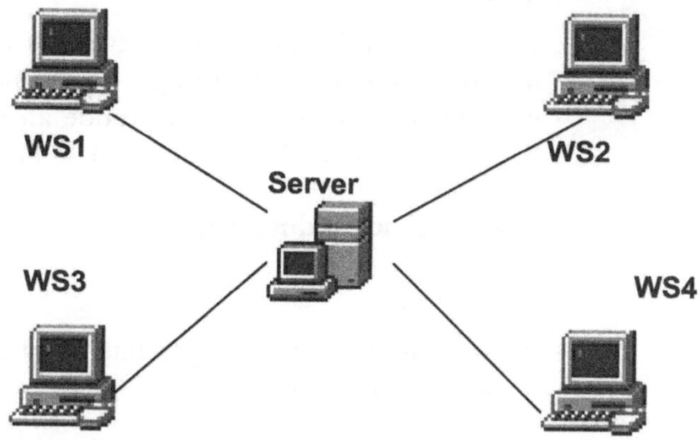

Abb. 4 Stern-Topologie

Die Baum-Topologie stellt eigentlich keine eigene Topologie dar, da sich trotz logischem Stern alle Workstations in einer Collosions-Domain befinden und sich die Bandbreite des Netzes teilen müssen, wie im normalen Bus-Netz.

Dieser Aufbau eines Netzes wird heute am meisten verwendet.

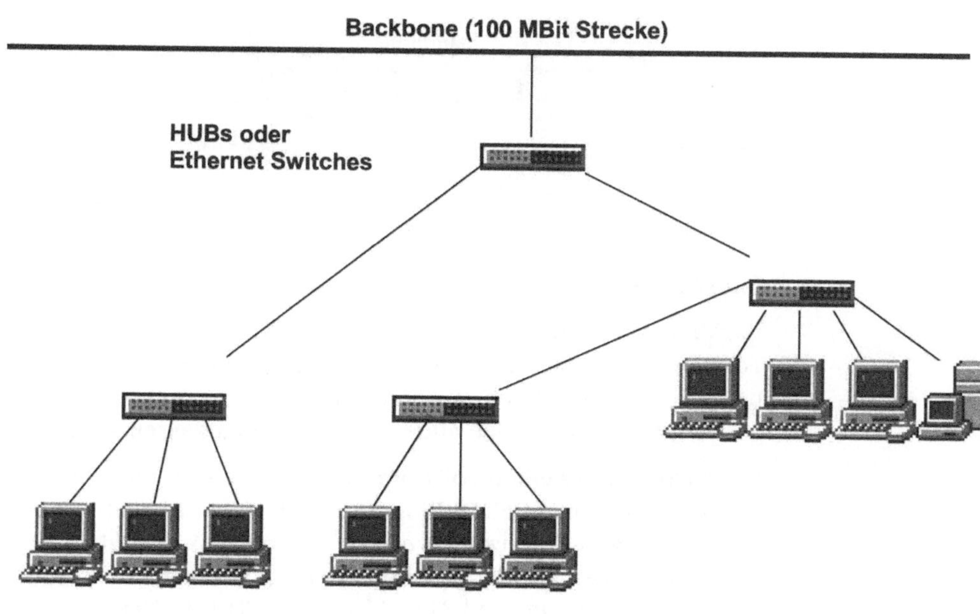

Abb. 5 Baum- (logischer Stern) Topologie

Bandbreite:

Unter der Bandbreite eines Netzwerkes wird die Fähigkeit eines Mediums, Daten zu übertragen, verstanden. Da Datenübertragungsraten in Mega-Bit pro Sekunde angegeben werden, spricht man z.B. von einer Bandbreite von 10 MBit/s.

Übertragene Frequenzen:

Basisband

Beim Basisband wird die gesamte Kapazität einem Kommunikationskanal zugeordnet.

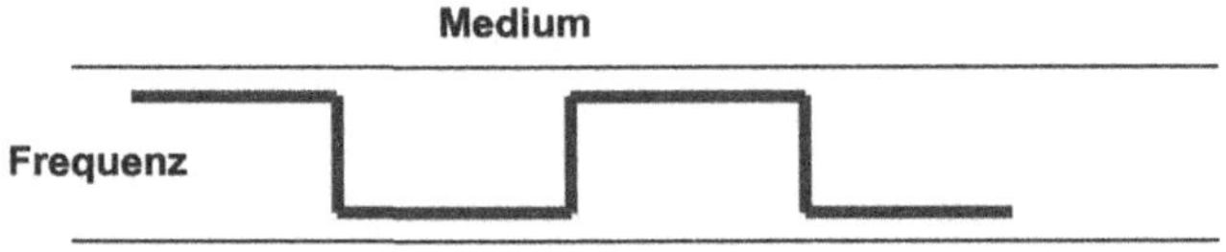

Breitband

Beim Breitband teilen sich mehrere Kommunikationskanäle die Bandbreite.

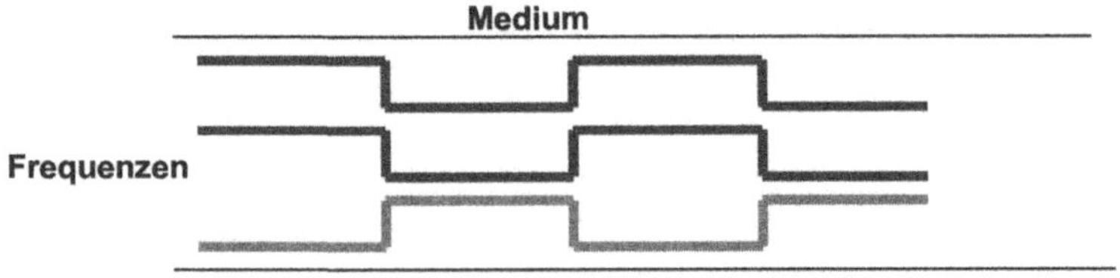

Backbones:

Backbones verbinden nur Topologien und stellen keine eigene Topologie dar. Sie sind sehr schnell und laufen an den SUB-LANs vorbei. Mit ihnen werden Übergänge zu anderen Netzen geschaffen, die auch eine andere Topologie aufweisen können.

Bei großen Netzwerken sollte im Backbonebereich mit 100-MBit-Strecken oder einem FDDI-Ring und Switches gearbeitet werden, da hier der größte Netzwerkverkehr zu erwarten ist und so Engpässe vermieden werden können (siehe Abschnitt 2.1.15 „Strukturierte Verkabelung" und Abb. 15 heterog. TCP/IP-Netz).

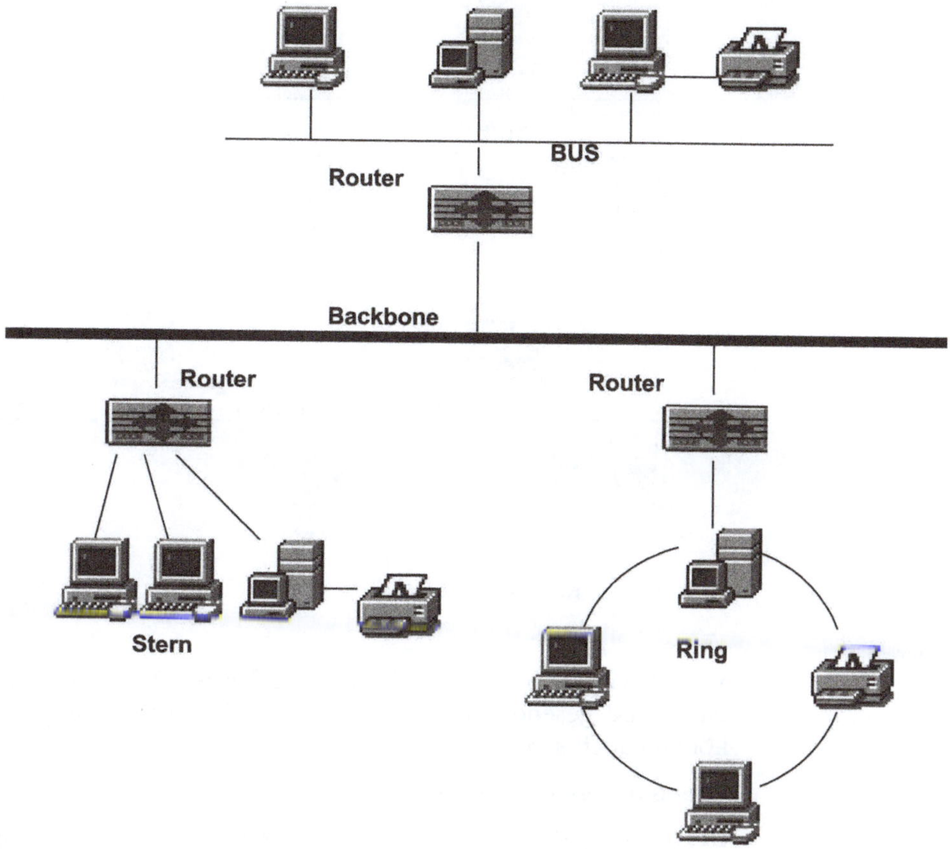

Abb. 6 Backbone

2.1.4 Zugriffsverfahren

Kollosionsverfahren (CSMD/CD):

Damit wird das Zugriffsprotokoll bezeichnet, mit dem Ethernet arbeitet. Das Verfahren regelt hierbei, wie sich die Netzwerkknoten beim gemeinsamen Zugriff auf das Netz verhalten sollen. Es wird im Ethernet angewendet. Es ist nicht beeinflussbar und gehört zur Topologie des Netzes.

Alle Knoten können gleichzeitig senden.

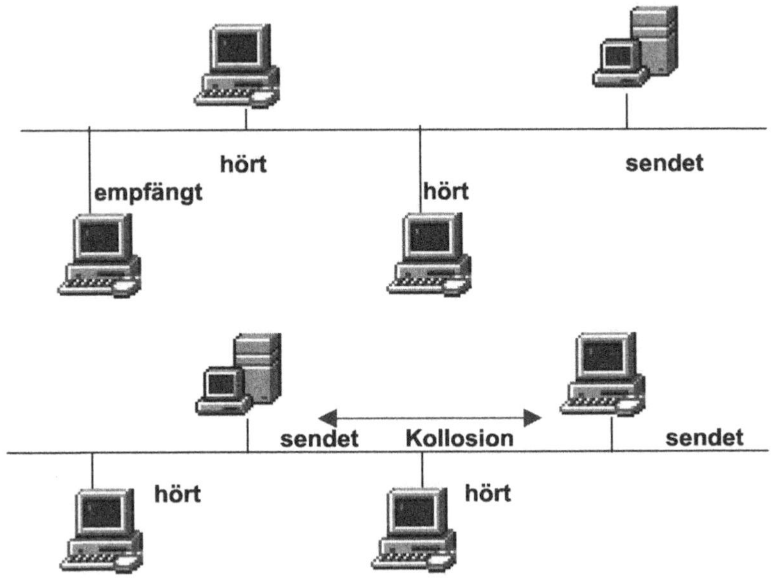

Abb. 7 Kollosions-Verfahren

Vorher wird abgefragt, ob die Leitung frei ist. Wenn sie frei ist, dann wird gesendet. Andere Knoten werden nicht gesperrt und können auch senden.

Es entsteht eine Kollosion.

Der Knoten, der sendet, muss nach dem Senden wieder abfragen, ob eine Kollosion vorliegt (senden eines anderen Knotens gleichzeitig). Stellt er fest, dass eine Kollosion vorgelegen hat, sendet er seine Nachricht nach einer gewissen Zeitspanne nochmal. Dieser Vorgang wird solange wiederholt, bis die Nachricht gesendet und empfangen worden ist.

Token(Zeichen)-Verfahren:

Das Token-Verfahren wird im Ringnetz verwendet. Es wird ein Zeichen von einem Knoten zum nächsten weitergegeben. Dabei gibt es Belegt- und Freitoken. Die Workstation muss abfragen, ob ein Freitoken vorhanden ist. Dann kann sie die Leitung belegen und senden. Jeder Knoten prüft, ob die Nachricht für ihn bestimmt ist. Wenn nicht, wird das Datenpaket weitergegeben. Ist das Datenpaket beim Empfänger angekommen, nimmt dieser die Daten entgegen und gibt ein Freitoken aus.

2.1.5 FDDI

Als besonderes Zugriffsverfahren zählt FDDI. Es ist das heutige Zugriffsverfahren, dass 100-MBit/s-Übertragungsraten garantiert.

FDDI wurde als 100-MBit-Token-Ring für hohe Bandbreiten konzipiert und wird überwiegend im Backbonebereich mit Glasfaserkabel eingesetzt (lässt sich aber auch mit Koax- bzw. Twisted-Pair realisieren).

FDDI kennzeichnet ein Zugriffsverfahren, aber auch ein Verbindungskonzept und eine Netzwerktypisierung.

Als Übertragungsmedium wird FDDI im Doppel-Token-Ring eingesetzt.

Das Zugriffsverfahren FDDI basiert auf Token-Passing.

2.1.6 ARC-Net

Das ArcNet wird vorzugsweise im Sternnetz verwendet – unter bestimmten Voraussetzungen aber auch im BUS-Netz oder im logischen Ring.

Eckdaten:

- ArcNet Netzwerkkarte
- Kollosionsfreies Token-Bus-Zugriffsverfahren (bei BUS und Stern)
- Wird über Knotenadressen organisiert.
- 2 1/2 MBit/s Übertragungsgeschwindigkeit
- Verwendet das RG-62-Koaxial-Kabel mit 93 Ohm Widerstand.
- Anschluss an BNC-Stecker
- Topologie ist stern- oder busförmig.
- Als Verteiler werden HUB's genommen (aktiv, passiv).

Längen:

Rechner → akt. Hub = 600 m

akt. Hub → akt. Hub = 600 m

Rechner → pass. Hub = 30 m

akt. Hub → pass. Hub = 30 m

Es können bis zu 255 Rechner in ein ArcNet eingebunden werden.

Die gesamte Ausdehnung des Netzes kann 6500 m betragen.

Bei Busvernetzung werden alle Rechner mit einem T-Stück verbunden, dass sich auf der Netz-Karte befinden muss. Das Buskabel darf bis zu 300 m lang sein, wobei bis zu 8 Rechner angeschlossen werden dürfen. Dafür müssen spezielle Netzwerkkarten verwendet werden (HZ-Karten). Die beiden Enden des Busses sind mit Terminatoren zu versehen.

2.1.7 Ethernet

Beim Ethernet wird unterschieden in:

- *Thick-Ethernet* und
- *Thin-Ethernet*

Thick-Ethernet:

- Übertragungsgeschwindigkeit 10 MBit/s (fällt bei Belastung schnell)
- Kollosionsverfahren
- Dickes, gelbes Koaxialkabel mit 50 Ohm, relativ starr, schwer zu verlegen, relativ hohe Kosten, weil viel Zubehör nötig ist
- Das Kabel ist allerdings unempfindlich gegen Störeinflüsse und ein Segment kann sehr lang sein.
- Es wird für die Bus-Topologie verwendet.
- Der Kabelstrang darf 500 m lang sein und muss an den Enden terminiert werden.
- Der Anschluss an die Rechner geschieht über Transceiver, die in das Kabel eingesetzt werden. Der Transceiver wird dann mit einem speziellen Transceiverkabel mit der Netzwerkkarte verbunden, das aber nicht länger als 50 m sein darf.
- Die meisten Ethernetkarten bieten einen DIX- und einen Thin-Ethernet-Anschluss. Die Anschlussart muss auf der Karte eingestellt werden.
- *Minimalste Distanz zwischen 2 Transceiver = 2.5 m oder ein Vielfaches davon.*

- In einem Segment dürfen 100 Transceiver vorhanden sein. Bei mehreren Rechnern auf engem Raum wird ein Multitransceiver benutzt, der an einen normalen Transceiver angeschlossen wird und 8 Ausgänge besitzt. Mehrere Segmente werden mit Transceivern verbunden. Auf diese Weise kann der BUS über 500 m hinaus verlängert werden.

Thin-Ethernet (Cheapernet):

- Übertragungsgeschwindigkeit 10 MBit/s (fällt bei Belastung schnell)
- Kollosionsverfahren
- Verwendet RG-58-A/U-Koaxial-Kabel, welches flexibel ist und erheblich leichter zu verlegen ist.
- Es verursacht geringe Kosten, ist allerdings störanfälliger wegen der geringeren Abschirmung. Cheapernet wird vor allem bei kleineren/mittleren Netzen (Büroumgebung) eingesetzt und wird busförmig aufgebaut.
- Die Segmentlänge kann 185 m betragen und muss terminiert werden.
- Der Rechner wird über ein T-Stück mit dem BUS verbunden, wobei das T-Stück direkt auf der Karte sitzen muss. Ein externer Transceiver ist nicht notwendig, da dieser schon auf der Karte integriert ist.
- *Der Abstand zwischen 2 Rechnern darf min. 0.5 m betragen.*
- An einem Segment können 30 Rechner angeschlossen werden. Zur Kopplung mehrerer Segmente werden die gleichen Elemente, wie beim Thick-Ethernet benutzt.
- Über spez. Adapter kann Thick- und Thin-Ethernet verbunden werden.
- Bei mehreren Segmenten muss ein Repeater benutzt werden.

Thin-Ethernet (Twisted Pair):

- Übertragungsgeschwindigkeit 10–100 MBit/s (fällt bei Belastung schnell)
- Kollosionsverfahren. Nur bei Einsatz von Switches können die vollen Bandbreiten erhalten werden.

- Es verwendet STP oder UTP-Kabel der Kategorie 1–5 (siehe 2.1.2 „Übertragungsmedien“) und verursacht auch noch geringe Kosten.
- Es ist logisch sternförmig aufgebaut. Bei Verwendung mit HUB's allerdings physk. busförmig, da sich alle Rechner, die an einen HUB angeschlossen sind, die Bandbreite teilen müssen.
- Die Rechner werden über HUB's oder Switches verbunden, die Repeaterfunktionen beinhalten.
- *Der Abstand zwischen 2 Rechnern darf min. 2.5 m betragen.*

2.1.8 Token-Ring

- Übertragungsgeschwindigkeit 4–16 MBit/s
- Token-Zugriffsverfahren.
- Es verwendet 7 verschiedene Kabeltypen.

Token-Ring ist eine Reihe ringförmig gekoppelter Sterne, die einen geschlossenen Ring ergeben. Wichtigster Bestandteil ist dabei die MAU (Multistation Access Unit). Diese hat 2–16 Anschlüsse für die Rechner und RING-IN- / RING-OUT-Anschlüsse, um mehrere MAUs zu verbinden.

Um einen Rechner an den Ring anzuschließen, wird eine Hin- und eine Rückleitung benötigt. Jeder Rechneranschluss in der MAU ist mit einem Relais versehen. Durch die Einbindung eines Rechners wird der Ring erweitert.

Fällt ein Rechner aus oder wird er vom Netz genommen, wird das Relais geschlossen, sodass der Ring nicht unterbrochen wird. Auch die Verbindung zu anderen MAUs hat 2 Leitungen, sodass ein Ausfall immer abgefangen werden kann.

Die Distanzen zwischen MAUs und Rechnern ist vom verwendeten Kabel abhängig.

Faustregeln:

Rechner → MAU = 50 m

MAU → MAU = 50 m

Mit entsprechenden Einheiten können die Distanzen erhöht werden.

2.1.9 Gigabit-Ethernet

Gigabit-Ethernet ist eine relativ neue Technologie, die sich in heutigen Netzwerken aber immer mehr durchsetzt, da immer höhere Anforderungen an Geschwindigkeiten im Netzwerk gestellt werden. Neuere Betriebssysteme und Anwendungen benötigen auch immer größere Bandbreiten, die die aufkommenden Datenmengen noch bewältigen. In sehr großen Netzwerken ist ein reibungsloser Betrieb des Netzwerkes ohne eine entsprechende Backbone auch fast nicht mehr möglich. In diesem Zusammenhang macht Gigabit-Ethernet und ATM immer mehr von sich reden und ist in großen Netzwerken schon zum Standard geworden.

- Übertragungsgeschwindigkeit 1250 Mbit/s.
- Verwendet 3 verschiedene Kabeltypen wie, Twinax, Glasfaser, Twisted-Pair (noch kein Standard vorhanden). Der Kabeltyp bedingt bestimmte Segmentlängen.
- Kann für alle Ethernet-Technologien verwendet werden.
- Kann das herkömmliche Zugriffsverfahren des Ethernets (CSMA/CD) verwenden, welches in „geswitchten Umgebungen" allerdings nicht mehr nötig ist.
- Kann 10, 100 oder 1000 Mbit verwenden.
- Verursacht hohe Kosten.
- Wird hauptsächlich im Backbone-Bereich verwendet,
- aber auch für schnelle Verbindungen von Switches zu Switches und Switches zu Servern.
- Kann im Vollduplex-Mode betrieben werden.

Kupferkabel (billiger, aber eher in Serverschränken und Serverräumen zu finden, wegen der geringen Längen)

Typ	Reichweite	Impedanz	Kabeltyp	Stecker
1000BaseCX	25 m	150 Ohm	Twinax	STP (DB9, Style 1)
1000BaseCX	25 m	150 Ohm	Twinax	IEC61076 (Style 2)

Glasfaserkabel (für die Backbone-Verkabelung)

Typ, Faser	Bandbreite [MHz / km]	Segmentlänge	Kabeltyp	Stecker
1000BaseSX, 62,5µm	160	2–220 m	Multimode	Duplex SC
1000BaseSX ,62,5µm	200	2–275 m	Multimode	Duplex SC
1000BaseSX , 50µm	400	2–500 m	Multimode	Duplex SC
1000BaseSX, 50 µm	500	2–550 m	Multimode	Duplex SC
1000BaseLX, 62,5 µm	500	2–550 m	Multimode	Duplex SC
1000BaseLX, 50 µm	400	2–550 m	Multimode	Duplex SC
1000BaseLX, 50 µm	500	2–550 m	Multimode	Duplex SC
1000BaseLX, 10 µm		2–5000 m	Monomode	Duplex SC

2.1.10 ATM (Asynchronous Transfer Mode)

ATM ist für hohe Bandbreiten konzipiert und ist eine Technologie, die mit speziellen Geräten im Netzwerk verwendet wird. Während andere Technologien mit Zellen (Frames) von unterschiedlichen Längen arbeiten, baut ATM auf Zellen fester Länge (53 Byte) auf.

- Übertragungsraten zwischen 155 und 622 Mbit/s.
- Wird vornehmlich im Backbone-Bereich oder zur Übertragung von Sprache und Video eingesetzt, wobei der Übertragung von Audio/Video Vorrang im Netz eingeräumt wird.
- Die Kommunikation in ATM-Netzen verläuft über virtuelle Pfade.
- Bandbreiten können in beliebiger Höhe an WS's zugewiesen werden (Quality of Service, QoS).
- Bedingen ATM-kompatible Geräte im Netz wie ATM-Router, ATM-Switches, etc.
- Übertragen Daten nicht nach Ip- oder MAC-Adressen, sondern über spezielle 3 Byte große Identifikationen (Gerät-zu-Gerät-Verbindung).
- Kann im LAN sowie für WAN-Verbindungen eingesetzt werden

Fibre Channel siehe Abschnitt 1.2.10, BUS-Systeme, serielle BUS-Systeme.

2.1.11 Das OSI-Schichten-Modell (Open System Interconnection)

Um vielen herstellerspezifischen Eigenheiten im Bereich der Netzwerktechnik aus dem Weg zu gehen und ein einheitliches Modell für die Netzwerktechnik zu schaffen, wurde das OSI-Schichten-Modell entwickelt, welches bestimmte Vorgaben für die Kommunikation offener Systeme darlegt.

Das Modell ermöglicht Herstellern, ihre Produkte für den Netzwerkeinsatz aufeinander abzustimmen.

Schicht 1 Physical-Layer (Physikalische oder Bitübertragungsschicht)

Sie gibt die Informationen ins physikalische Netzwerk und empfängt Pakete oder Frames vom Netzwerk (senden und empfangen von Datenbits).

Hier werden sämtliche Spezifikationen festgelegt für:

- das Übertragungsmedium (Koaxkabel, Zweidraht, Glasfaser)
- das Übertragungsverfahren (Basisband, Breitband)
- die Topologie
- Codierung der Datenbits
- realisiert die physikalische Verbindung zwischen Computer und Netzwerk

Schicht 2 Data-Link (Verbindungsschicht oder Sicherungsschicht)

- Beinhaltet die Kommunikation von Geräten innerhalb eines Netzwerksegments.
- Zur Identifizierung von Datenpaketen werden MAC-Adressen verwendet und jedes Gerät ist dafür verantwortlich, das Netzwerk zu überwachen und diejenigen Rahmen zu empfangen, die für das Gerät selbst bestimmt sind.

Hier erfolgt die erste Bewertung der eingehenden Daten:

- Überprüfung auf korrekte Reihenfolge und Vollständigkeit der Pakete,
- Übertragungsfehler werden sofort erkannt,
- zudem werden hier die Knotenadressen (MAC) im Netz erkannt und ausgewertet,
- packt und entpackt Daten.

Schicht 3 Network-Layer (Netzwerkschicht oder Vermittlungsschicht)

- Bearbeitet die Kommunikation von Geräten auf logisch voneinander getrennten Netzwerken und verwendet dazu Routing-Algorithmen, die Pakete vom Sende- zum Zielnetzwerk weiterleiten.
- Unterstützt darüber hinaus Dienstadressen (Sockets oder Ports).
  Diese spezifiziert einen Kanal zu einem bestimmten Prozess auf einem Zielrechner.
  (Dienstadressen sind Bestandteil der MAC- und IP-Adresse)
- Hat den Überblick über Wegfindung und Paketzustellung im gesamten Netzwerksystem.
- Übernimmt die Verwaltung der Kommunikationspartner.
- Insbesondere werden die ankommenden bzw. abgehenden Datenpakete verwaltet, und zwar in der Form, dass Nachrichten von darüberliegenden Schichten in kleinere Datagramme fragmentiert werden, die in ihrer Größe für die physikalische Schicht geeignet sind.
- Außerdem trägt die Netzwerkschicht auch die Verantwortung für die Wiederherstellung von Nachrichten aus empfangenen Datagrammen.
- Eindeutige Zuordnung über die Vergabe der Netzwerkadressen (logische IP-Adressen)
- Fügt der Verbindung weitere Steuerinformationen hinzu.
- Realisiert das Routing der Daten durch das Netz (legt also die Route durchs Netzwerk fest, die Pakete über eine Serie von Routern vom Quell- zum Zielrechner nehmen).

Schicht 4 Transport-Layer (Transportschicht)

- Überträgt die Information in eine Sprache, die das andere System versteht.
- Sorgt für eine zuverlässige Zustellung von Nachrichten an die Zielgeräte.
- Fehlerkontrolle
  (wenn ein Paket verloren gegangen ist, muss die Transportschicht die Fehlerkorrektur initiieren)
- Festlegung der Reihenfolge von Paketen

- Ende zu Ende Flusskontrolle
- (Neben einer negativen Bestätigung für unvollkommene Übertragung von Daten kann die Transportschicht auch ein erneutes Senden anfordern.)
- Stellt die Verbindung zwischen den Schichten 1–3 und 5–7 her.
- Fügt Infos zur Adressierung und Ansprechen der Datenendgeräte hinzu.
- Baut die nötige Verbindung auf.
- Leitet die Datenpakete gemäß der Adressierung weiter.
- Realisiert die Weitergabe und die Bestätigung der Übertragung.

Schicht 5 Session-Layer (Sitzungs- oder Steuerungsschicht der Kommunikation)

- Stellt eine Methode zur Erzeugung und Aufrechterhaltung einer logischen Verbindung zwischen zwei Hosts zur Verfügung.
- Verwaltet die Dialoge zwischen 2 Computern (Simplex, Halbduplex, Vollduplex).
- Festlegen des Verbindungsaufbaus (Sitzungsaufbau, Datentransfer, Sitzungsabbau).
- Eine Sitzung besteht aus:
  1. Festlegung der benötigten Dienste
  2. Benutzeranmeldung und andere Sicherheitsprozeduren
  3. Aushandlung von Protokollen und Protokollparametern
  4. Mitteilung von Sitzungsnummern
  5. Einrichten einer Dialogkontrolle

Schicht 6 Presentation-Layer (Darstellungschicht)

- Erzeugt im Falle von WIN-NT den SMB-Block, der dem anderen System mitteilt, was angefordert ist, oder erhält die Antwort auf eine Anfrage.
  Hier wird auch die Typenkonvertierung behandelt, wenn kommunizierende Hosts unterschiedlich sind.
- Erledigt die Datenkonvertierung,

- stellt sicher, dass die Daten in einem universellen Format übertragen werden,
- Möglichkeiten der Datenein- bzw. -ausgabe werden bereitgestellt,
- dazu gehört Anzeige von Meldungen und Anweisungen,
- Datenein- und -ausgabe wird überwacht,
- Übertragungskonvertionen werden festgelegt,
- Bildschirmdarstellungen werden angepasst,
- Umsetzung der Bit-Reihenfolge.

Schichten 1-3 = systembezogen
Schichten 5-7 = anwendungsbezogen

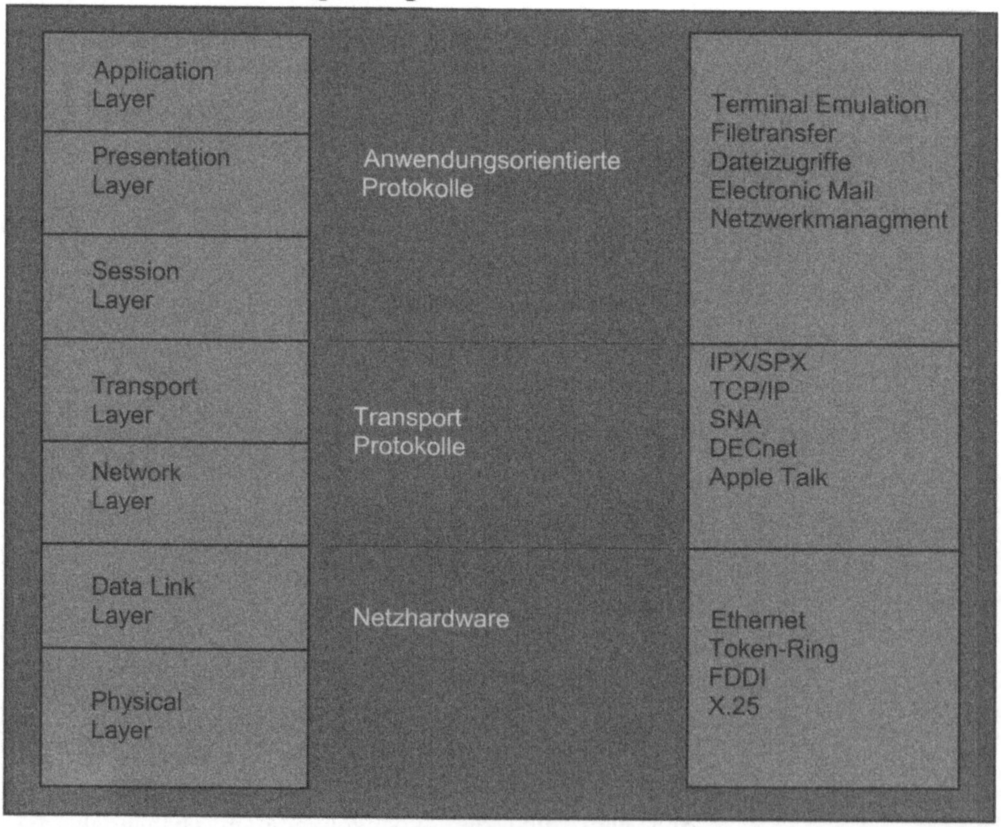

Abb. 8 OSI-Schichten

- Übersetzung der Byte-Reihenfolge
- Übersetzung des Zeichensatzes
- Übersetzung der Dateisyntax

Schicht 7 Application-Layer (Anwendungsschicht)

Erzeugt Anfragen und verarbeitet Anfragen, die sie erhält.

- Eerste Schnittstelle zwischen Rechner und Anwendungsprogramm,
- hier werden die verwendeten Anwendungen eingesetzt,
- liefert dem Netzwerk Dienste (Datei-, Drucker-, E-Mail-, Datenbankdienste).

2.1.12 Übertragungs-Protokolle (im LAN-Bereich)

Der Sinn eines Netzwerkes ist der Austausch von Informationen und Daten zwischen verbundenen Computern. Dabei ist wichtig, dass die Computer die gleichen Kommunikationsregeln verwenden, dass sie sozusagen die gleiche Sprache sprechen, um einander zu verstehen.

Diese Kommunikationsregeln werden über die Protokolle definiert.

NetBIOS:

- Erstes Übertragungsprotokoll im LAN, aber auch BIOS-Erweiterung für das Netzwerk,
- wird heute nur noch für spezielle Anwendungen eingesetzt (NT benutzt NetBIOS over TCP/IP = NBT),
- einige Betriebssysteme, wie DOS, NETWARE beinhalten Emulationsprogramme (Netbios.exe), mit denen man Software, die auf NetBIOS aufsetzt, aktivieren kann.

NetBEUI:

- Weiterentwicklung von NetBIOS,
- ist ein aus NetBIOS entwickeltes Transport-Protokoll, welches quasi Standard für alle WINDOWS Betriebssysteme ist (nicht routingfähiges Protokoll).

Apple Talk:

- Protokoll für McIntosh-Rechner
- FRAME unter Netware _SNAP

IPX/SPX:

- Von Novell entwickelt,
- zweitwichtigstes Protokoll heutiger Netzwerke,
- wird grundsätzlich auf alle NETWARE-Anwendungen implementiert,
- IPX adressiert und verschickt Datenpakete,
- SPX übernimmt die Kontrolle der Übertragung.

Zusatzprotokolle zu IPX/SPX (RIP und SAP):

RIP (auch in TCP / IP Netzen verwendet, siehe 3.2.32 „NT als TCP/IP-Router")

Verschickt innerhalb eines LANs Angaben über verfügbare Router, Server und Workstations.

Router gleichen über RIP auch ihre Routing-Tabellen (dem Router bekannte Subnets und Hops (Anzahl der Sprünge über andere Router bis zum Remote-Netzwerk)) ab. Dabei werden nur 16 Hops gespeichert, d.h. Router kennen nur Subnets, die nicht weiter als 16 Hops entfernt sind (im LAN meistens ausreichend, im Internet problematisch, da jeder Router seine Tabellen per Rundsendung verschickt und jeder Router, der diese empfängt, dies genauso tut (schnelle Überlastung der Router)).

SAP

Dient dazu, dass ein Server den anderen Komponenten im Netz seine Dienste (Services) bekannt machen und zur Verfügung stellen kann

TCP/IP:

- Standard-Protokoll in LANs (wird am meisten eingesetzt),
- verbindungsorientiertes Protokoll,
- TCP übernimmt die Übertragung der Daten zwischen zwei Endgeräten,

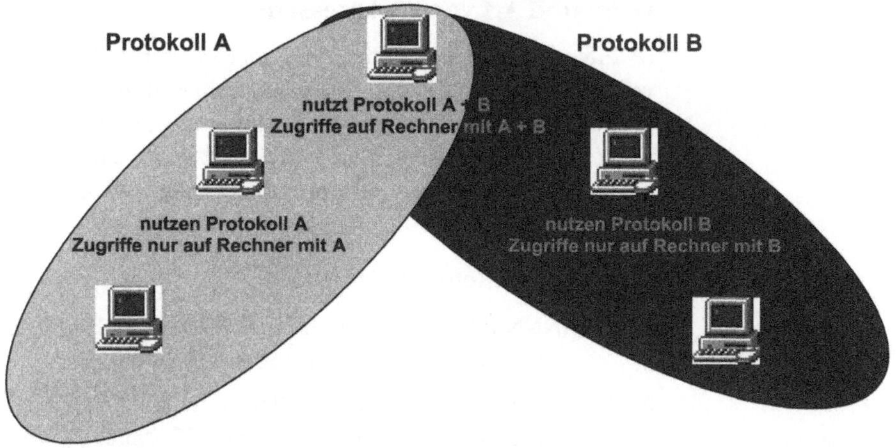

Abb. 9 Multiprotokoll-Umgebung

- vor der Übertragung werden Daten in Datenpaketen zusammengefasst,
- IP übernimmt die Adressierung, das Versenden und die Überwachung des Transports der einzelnen Datenpakete.

Zusatz-Protokolle zu TCP/IP:

siehe weiter unten bei TCP / IP

2.1.13 TCP/IP Grundlagen

- Standard-Protokoll für das Internet,
- verbindungsloses Protokoll (Paket wird abgeschickt, ohne Rückmeldung → nur bei udp),
- eindeutige Adresse im Netz (IP-Adresse),
- diverse Hilfsprotokolle (DNS, DHCP, SMTP).

Eindeutige IP-Netzwerk-Adressen sind weltweit Mangelware (können aber angefordert werden) und werden nur benötigt, wenn das eigene Netzwerk direkt mit dem Internet verbunden ist. In einem privaten / geschäftlichen LAN können IP-Adressen aber wahllos vergeben werden, wenn mit einer Firewall oder einem Proxy-Server zum Internet gearbeitet wird, welcher die eindeutige IP-Adresse zum Internet erhält und das LAN vom Internet abschirmt. Das eigene LAN sollte in seinem IP-Aufbau aber trotzdem den Konventionen entsprechen.

Form und Art von IP-Adressen:

IP erfordert, dass jedem Gerät im Netz ein Adresse zugeordnet wird, die IP-Adresse. Sie ist dargestellt durch eine Sequenz von vier Oktetten. Diese Oktetten definieren eine eindeutige Adresse, wobei ein Teil dieser Adresse ein Netzwerk darstellt (und optional ein Teilnetz), ein anderer Teil einen bestimmten Knoten (Rechner) im Netz.

Beispiel (N = Network, H = Host):

NNNNNNNN.HHHHHHHH.HHHHHHHH.HHHHHHHH =
Klasse-A Netz, Subnet-Mask 255.0.0.0

NNNNNNNN.NNNNNNNN.HHHHHHHH.HHHHHHHH =
Klasse-B Netz, Subnet-Mask 255.255.0.0

NNNNNNNN.NNNNNNNN.NNNNNNNN.HHHHHHHH =
Klasse-C Netz, Subnet-Mask 255.255.255.0

Jede Position stellt ein einzelnes Bit aus einem 32-Bit-Adress-Raum dar.

Für die IP-Adresse 160.16.45.3 =
10100000.00010000.00101101.00000011

Es gibt Adressen, die eine bestimmte Bedeutung haben und deswegen nicht benutzt werden dürfen:

Eine Adresse, die mit einer 0 beginnt, bezieht sich auf einen lokalen Knoten:

0.0.0.23 = WS mit Nummer 23 (außerdem im Routing als Defaultroute festgelegt),

127 = Loopback-Adresse (wichtig für Netzdiagnose),

127.0.0.0 ist der lokale Loopback innerhalb der WS,

255 = reserviert für Meldungen (Broadcast).

Adressklassen				
Klasse	**verfügbare Knoten**	**Ausgangs-Bits**	**Start-adresse**	**Verwendung**
A	2E24 = 16777216	1xxx	1–126	sehr große Netze
B	2E16 = 65536	10xx	128–191	256-65536 Knoten
C	2E8 = 256	110x	192–223	bis 256 Knoten
D		1110	224–239	Multicast Nachrichten
E		1111	240–255	zukünftige Entwicklung

Zum besseren Verständnis:

Die Subnet-Mask bestimmt, welcher Teil der IP-Adresse Netzwerkanteil und welcher Hostanteil ist. Dabei sind alle Anteile der IP-Adresse, die Einsen in der Subnet-Mask enthält (Dezimal 255), Netzwerkadresse.

Beispiel:

Klasse C IP-Adresse: 192.168.100.7
Klasse C Subnet-Mask: 255.255.255.0
Klasse C Netz-Adresse: 192.168.100.0

Klasse B IP-Adresse: 128.107.100.3
Klasse B Subnet-Mask: 255.255.0.0
Klasse B Netzadresse: 128.107.0.0

usw.

Weiter wird vom Computer über die Subnet-Mask ermittelt, ob sich ein Host im gleichen Subnet befindet oder ob dieser in einem anderen Teilnetz untergebracht ist. Am besten wird dies durch die Aufschlüsselung der IP-Adressen in deren Binärwerte klar und durch das Verständnis, welche Rechenoperationen (AND-Verknüpfung) der Computer mit diesen Binärwerten anstellt. Da dieses Buch nicht Gegenstand von binären Rechenoperationen ist, soll hier nur kurz auf die AND-Verknüpfung eingegangen werden.

Definition: 1=High (an), 0=Low (aus)
AND-Verknüpfung: 1+1=1, 1+0=0, 0+1=0, 0+0=0

Die IP-Adresse wird in deren Binärwert mit dem Binärwert der Subnet-Mask AND-Verknüpft. Dabei wird die Rechenoperation auf jede Stelle der Binärwerte angewendet.

Zwei Hosts in selben Subnet:

1. Host	IP-Adresse	dazugehöriger Binärwert der Oktette				
	198.53.147.45	11000110	00110101	10010011	00101101	Rechenweg
	Subnet-Mask					↓
	255.255.255.0	11111111	11111111	11111111	00000000	
AND-Verknüpfung Ergebnis		11000110	00110101	10010011	00000000	= 198.53.147.0
2. Host	198.53.147.98	11000110	00110101	10010011	01100010	
	255.255.255.0	11111111	11111111	11111111	00000000	
AND-Verknüpfung Ergebnis		11000110	00110101	10010011	00000000	= 198.53.147.0

Die Netzwerk-Ids stimmen in beiden Fällen überein, so dass sicher gestellt ist, dass sich beide Hosts im selben Subnet befinden.

Zwei Hosts in unterschiedlichen Subnets:

1.Host	IP-Adresse	dazugehöriger Binärwert der Oktette			
	198.53.147.45	11000110	00110101	10010011	00101101
	Subnet-Mask				
	255.255.255.0	11111111	11111111	11111111	00000000
AND-Verknüpfung Ergebnis		11000110	00110101	10010011	00000000 = 198.53.147.0
2. Host	131.107.2.200	10000011	01101101	00000010	11001000
	255.255.255.0	11111111	11111111	11111111	00000000
AND-Verknüpfung Ergebnis		10000011	01101101	00000010	00000000 = 131.107.2.0

Die Netzwerk-Ids stimmen in beiden Fällen nicht überein, so dass sicher gestellt ist, dass sich beide Hosts nicht im selben Subnet befinden.

Teil-Netze:

Die Einrichtung einer Teil-Netz-Maske legt fest, wo die Netz-Adresse endet und die Host-Adresse anfängt.

Die Teilnetz-Maske enthält Einsen im Netzwerkfeld und Nullen im Host-Feld.

Wird das Klasse-C Netz in vier Klasse-C Netze zerlegt, sieht das so aus: NNNNNNNN.NNNNNNNN.NNNNNNNN.NNHHHHHH

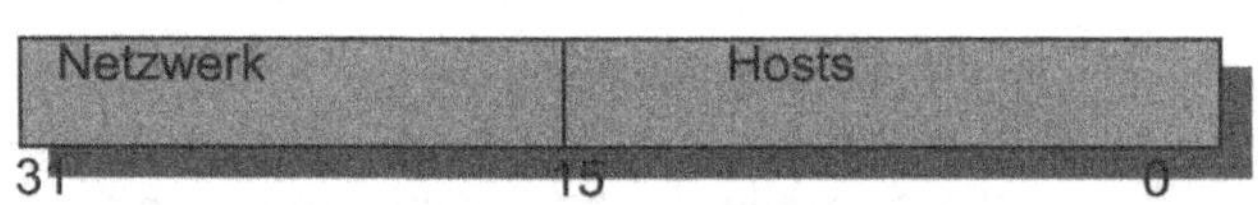

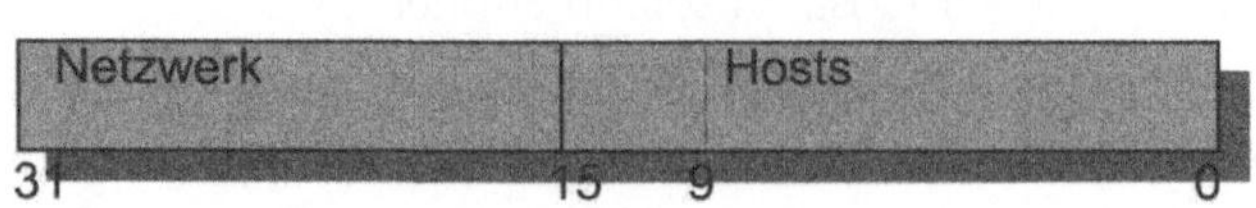

Anzahl der Teil-Netze = 64
Anzahl der Hosts/Netze = 1024

Teilnetz-Maskierung (Subnet-Mask):

Maske 255.255.252.0

Die Teilnetz-Maske:

11111111.11111111.11111111.11000000
in Dezimalschreibweise: 255.255.255.192

Wenn aus dem Hostfeld drei Bits entfernt werden, können 8 Netzwerke gebildet werden:

11111111.11111111.11111111.11100000,
die Teilnetz-Maske ist: 255.255.255.224

Jedes der 8 Netzwerke hätte damit 29 Knoten, weil 5 Adressbits zur Verfügung stehen (es sind eigentlich 32, aber 1, 0 und 127 sind verboten). Dieses Konzept gilt auch für Klasse B-Netze.

Der Adressbereich eines Klass-B-Netzes:
NNNNNNNN.NNNNNNNN.HHHHHHHH.HHHHHHHH

Wenn 2 Bits aus dem Hostfeld entfernt werden und dem Netzfeld hinzugefügt werden, wird folgende Teilnetz-Maske verwendet:

11111111.11111111.11000000.00000000
Die Maske lautet: 255.255.192.0

Die IP-Adresse dient nur der eindeutigen Identifizierung eines Gerätes im Netz. IP-Pakete werden aber letztlich immer an die MAC-Adresse der Netzkarte geschickt (siehe 1.2.16 „Netzwerkkarte"). Dazu wird ein ARP-Cache (siehe Hilfsprotokolle TCP/IP) verwendet, in dem schon verwendete Verbindungen von IP-Adressen zu MAC-Adressen aufgelöst werden. Ist die MAC-Adresse der angesprochenen IP-Adresse nicht bekannt, werden Rundsendungen von ARP verschickt, um diese herauszufinden.

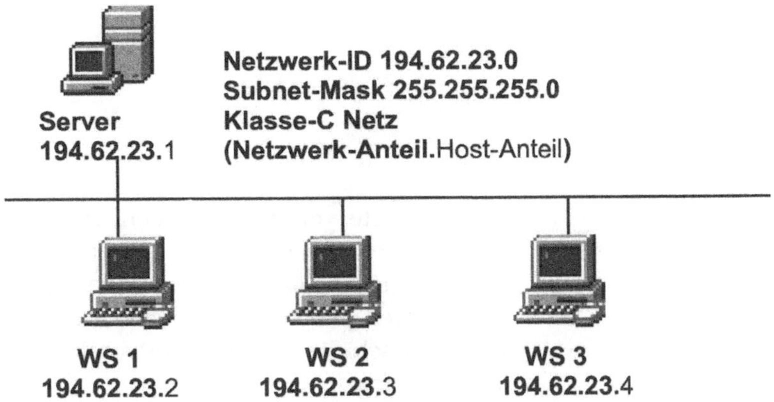

Abb. 10 Einfaches TCP/IP-Netzwerk

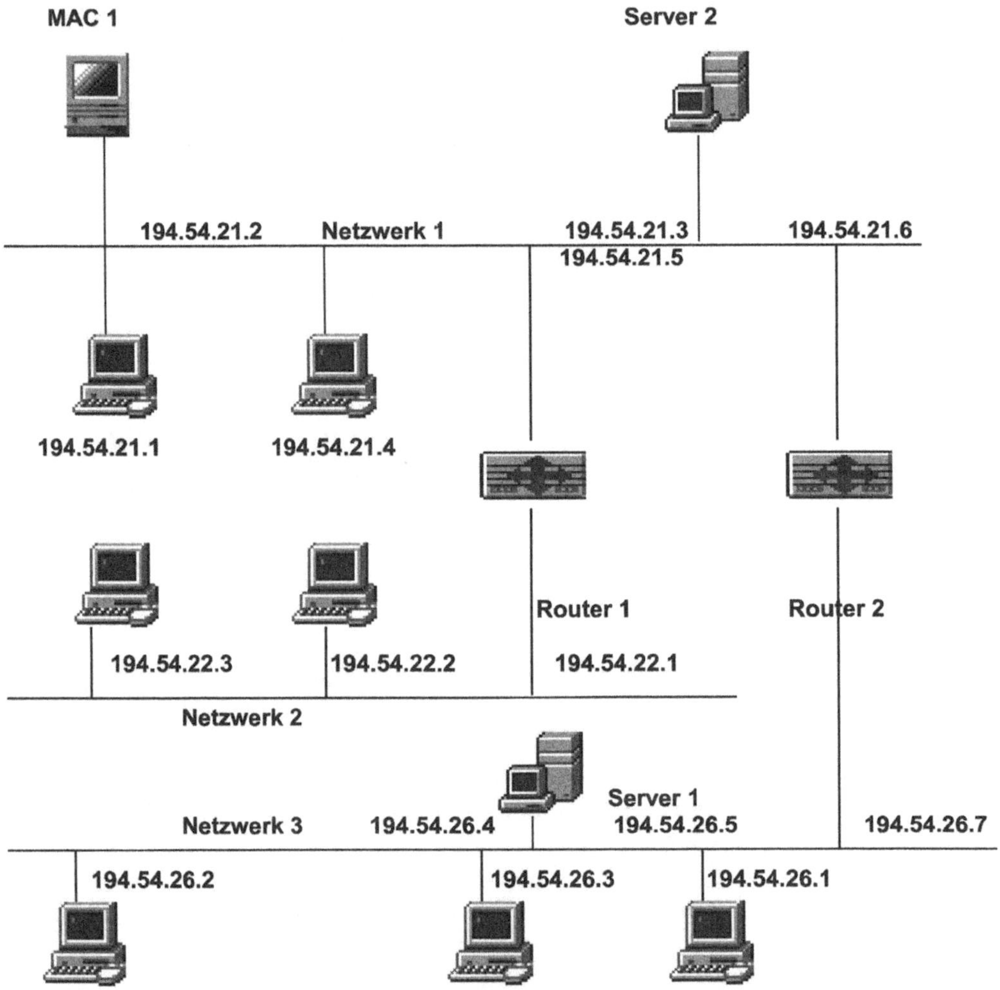

Abb. 11 Komplexes TCP/IP-Netzwerk

Sollen Pakete verschickt werden, baut TCP zuerst eine Sitzung vom eigenen Computer zum Remote-Host auf. Der Remote-Host bestätigt die Anfrage und signalisiert, dass er zur Entgegennahme von Paketen bereit ist (Handshake). IP verpackt nun die TCP-Pakete und schickt sie unter Verwendung des ARP-Caches an die Remote-Adresse.

Hilfsprotokolle zu TCP/IP:
DNS (Domain Name System)

Das DNS wandelt IP-Adressen in Domänen-Namen
z.B. 192.125.12.5 → einstein.ege.de.

(Für eine Verbindung zu einem anderen Rechner muss nicht mehr die IP-Adresse eingegeben werden, sondern es reicht jetzt auch der Computer-Name (siehe 3.2.27 „DNS")

SMTP (Simple-Mail-Transfer-Protokoll)

Wird vornehmlich für die Übermittlung elektronischer Post an einzelne Benutzer oder alle benutzt.

POP

Wird für eingehende Post aus dem Internet verwendet (Post empfangen).

FTP (File-Transfer-Protokoll)

Wird für die Übertragung von Daten zwischen verschiedenen Rechner Systemen benutzt, die unterschiedliche Dateiformate benutzen.

Zusätzlich zu den Befehlen für die Dateiübertragung gibt es Befehle zum Anzeigen, Wechseln, Löschen oder Anlegen von Verzeichnissen.

TELNET (Terminal-Emulation)

Stellt eine Verbindung zwischen einem Telnet-Server und Telnet-Client her, wobei auf dem Client ein Terminal des Servers emuliert wird.

NFS (Network File-System)

Verzeichnis eines Rechners kann über das Netz direkt an einen anderen Rechner angeschlossen werden.

RPC (Remote-Procedur-Call)

Erlaubt das Kommunizieren verschiedener Applikationen untereinander.

ARP (Address-Resolution-Protokoll)

Führt die logischen IP-Adressen der Rechner mit ihren physikalischen Adressen (MAC-Adressen) der Netzwerkkarten zusammen (unter NT ein Befehl, um den ARP-Cache abzufragen).

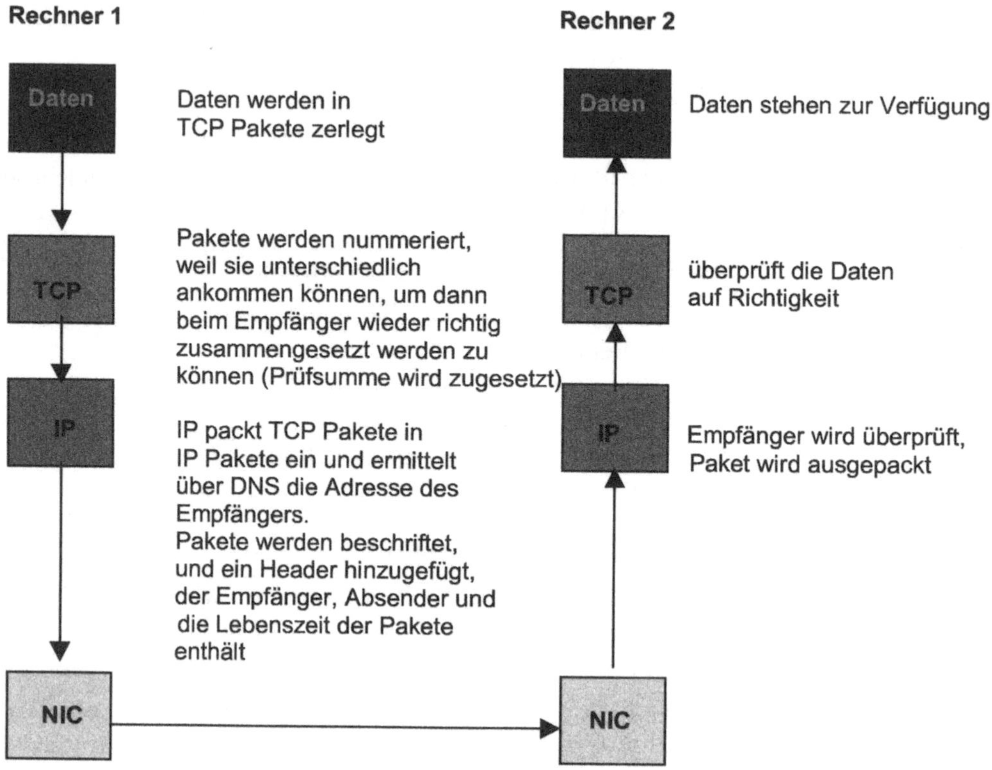

Abb. 12 Übertragung der Daten unter TCP/IP

ICMP (Internet-Controll-Massage-Protokoll)

Protokoll, mit dem Nachrichten über den IP-Zustand verschickt werden.

SNMP (Simple-Network-Management-Protokoll)

Zur Steuerung und Überwachung von Netzwerken.

UDP

Verbindungsloses Übertragungsprotokoll, wenn zuverlässige Datenübertragung nicht nötig ist.

2.1.14 Geräte im Netzwerk

Server:

Ein in das Netz eingebundener Rechner, der mit der Ausführung spezieller Aufgaben betraut ist. Unterscheidung in DEDICATED (Rechner, der nur dafür abgestellt ist) und NON DEDICATED (Rechner, der auch weiterhin im Normalbetrieb arbeitet).

Server können als File-, Print-, Fax- oder Datenbank-Server arbeiten. Mehrere Aufgaben in einem Server sind möglich.

File-, Print-, Datenbank- etc. Server (Zentral-Rechner):

Rechner, der die Daten / Ressourcen des Netzwerks zentral speichert und verwaltet.

Er sorgt für die kontrollierte Bereitstellung von gemeinsam benutzten Daten. Weiterhin wickelt er die Kommunikation zwischen den Benutzern im Netz ab.

Netzwerkdienste können auch auf mehrere Server verteilt sein.

Als Server muss ein Rechner eingesetzt werden, der von seiner Konfiguration auch die Aufgaben eines Servers erfüllen kann.

Netzwerk-Betriebssystem:

Als Herz des Netzwerkes arbeitet der Server mit einem speziellen Netzwerkbetriebssystem (Novell, Unix, Windows NT)

Workstations (Client):

Rechner, der in das Netz eingebunden ist, einem Benutzer an seinem Arbeitsplatz zur Verfügung steht und vom Server Dienste beanspruchen kann.

Hardware-Verbindung:

Alle Server und Workstations müssen unter einer bestimmten Topologie miteinander verbunden sein. In jedem Rechner muss eine Netzwerkkarte vorhanden sein, die durch die Übertragungsmedien und Verteiler miteinander verbunden sind.

Repeater (OSI 1, phys. Layer):

- Signalformer (Verstärker), um Signale, auf Grund der Ausdehnungsbeschränkung von Segmenten (Thin-Ethernet 185 m, Thick 500 m) zu überbrücken,

- aktives Element,
- protokoll-transparent,
- erhöht nicht die Bandbreite eines Segments,
- auch Sternverteiler (HUB's) und Ringverteiler gehören hierzu,
- unterschiedliche Netzsegmente können damit zu einem Netz zusammengefügt werden,
- mit Repeatern sind baumartig gestaltete Netzwerke von beachtlicher Ausdehnung realisierbar,
- filtert keine Adressen, reicht also Pakete in alle Segmente weiter,
- werden immer weniger eingesetzt und mehr und mehr von Bridges und Routern abgelöst.

Transceiver:

Wandlungs- (D/A-Wandlung) und Steuerungsaufgaben beim Senden und Empfangen.

Bridge (OSI 2, Data Link Layer):

- Dient einerseits der phys. Entkopplung großer Netze, andererseits der Verbindung gleicher lokaler Netze oder Netz-Segmente über Stationsadressen, die in einer Bridge-Tabelle gespeichert sind.
- Diese Tabellen können bei „Learning Bridges" selbstständig von der Brücke aufgebaut werden (Brücke konfiguriert sich selber, Plug and Play).
- Mittels Bridges lassen sich LANs praktisch unbegrenzt ausdehnen,
- aktives Element,
- protokoll-transparent, wenn Bauform „Transparente Brücke" ist (egal welches), muss aber auf beiden Seiten mit dem gleichen Protokoll arbeiten,
- verstärkt auch Signale,
- kann verschiedene Zugriffsverfahren koppeln,
- kann verschiedene physikalische Medien (Koax-UTP) verbinden,
- unterschiedliche Segmente werden zu einem Netz zusammengefasst,

- je nach Bauform werden Adressen gefiltert und interpretiert (es gibt aber auch solche, die Adressen nicht filtern, also Pakete werden in alle Segmente geleitet). Werden Adressen in Datenpaketen interpretiert, werden diese Pakete nur in das entsprechende Segment verschickt (Routingfunktion) und dadurch eine Lasttrennung (kein Datenverkehr in den anderen Segmenten durch dieses Paket) des Netzes erreicht.
- Kann nur MAC Hardware-Adressen (Knotenadressen) verarbeiten, mit denen die Bridge-Tabellen aufgebaut werden (jedes Netz separate Tabelle), wodurch Bridges in der Lage sind, zwischen dem Verkehr innerhalb eines Netzes und eines anderen Netzes zu unterscheiden,
- erhöhen die Gesamtbandbreite des gesamten LANs,
- eingehende Pakete werden aufbereitet,
- es gibt Source-Routing-Bridges (werden oft schon zu den Routern gezählt), die auf Grund der im Paket enthaltenen Informationen ein begrenztes Routing durchführen können,
- Bridges und Backbones gehören zusammen,
- kann Remote (Remote-Bridge) eingesetzt werden (also über Stand-Telefonleitung ein weit entferntes LAN verbinden) oder local (Local-Bridge) = Multi-Port-Bridge.

Router (OSI 3, Network Layer):

- Verbindet zwei gleiche oder unterschiedliche Netzwerk-Topologien miteinander, jedoch nur mit gleichen Protokollen,
- verbindet auch unterschiedliche Zugriffsverfahren,
- sucht den besten oder schnellsten Weg durchs Netz in andere Subnets, da sie Routing-Tabellen (Informationen über vorhandene Subnets) unterhalten und austauschen (siehe „Protokolle“ RIP),
- kann bei Ausfall oder starker Belastung einer Strecke selbstständig eine andere Route durch ein Maschennetz aussuchen,
- verbindet zwar Netzsegmente, jedoch bleibt jedes Segment für sich als separates Segment erhalten,
- ist von dem eingesetzten Protokoll auf Ebene 3 abhängig (also entweder Multiprotokoll-Router verwenden oder gezielt den Router für ein bestimmtes Protokoll (muss das Protokoll kennen)),

- besteht aus Hard- und Software-Anteil,
- übersetzt keine Protokolle,
- verstärkt auch Signale,
- interpretiert im Gegensatz zur Bridge die Pakete. Dabei wird jedes IP-Paket, das entgegen genommen wurde, ausgepackt und die im Header des Pakets enthaltene IP-Adresse interpretiert.
- Nachteil: Bei viel Netzwerkverkehr schnelle Überlastung des Routers, und IP-Pakete sind lange unterwegs.
- Arbeitet nicht mit MAC-Adressen (IP-Adresse genügt), übermittelt aber auch über MAC, wenn sie das Paket nicht interpretieren kann, wobei allerdings die Routing-Funktion verloren geht,
- filtert Adressen und leitet Pakete nur in Segmente (Subnets) mit den entsprechenden Adressen, wobei nicht die Adressen der Endgeräte wie bei der Bridge, sondern nur die Adressen der beteiligten Netzwerke (Routing-Tabellen) angelegt werden,
- die Filterfunktion erlaubt erhöhte Sicherheit, da sich Router so konfigurieren lassen, dass ein Zugriff auf ein Teil-LAN nur bestimmten IP-Adressen erlaubt werden kann (Firewall).

Gateway (OSI 7, Application Layer):

- Kann völlig verschiedene Kommunikationssysteme verbinden,
- ermöglicht die Entkopplung von LANs mit unterschiedlicher Adressierung,
- Gateways lassen sich auch über Software realisieren (IPX-IP Gateway auf Novell-Servern),
- setzen Protokolle real in andere Protokolle um,
- sie werden auch für den Übergang auf Großrechenanlagen benutzt.

Segment:

Zusammenhängendes Kabelstück innerhalb eines LANs. LANs können wiederum aus mehreren Segmenten bestehen, die über Repeater, Bridges oder Router verbunden sind.

HUB (OSI 1, phys. Layer):

- Zentraler Verteiler, an den sternförmig PC's angeschlossen werden,
- aktiv (Kabellänge bis 600 m), verstärkt auch Signale,
- passiv (Kabellänge bis 30 m),
- werden in Baum-Topologien verwendet,
- bedingen UTP-Kabel,
- die Buchsen eines HUB's sind so belegt, dass immer ein Endgerät angeschlossen werden kann.
- Werden 2 HUB's miteinander verbunden (kaskadiert), muss ein gekreuztes Kabel (crossover) verwendet werden (oder der Anschluss am HUB muss einen Schalter zum Kreuzen haben (Transmit → Receive, meistens Anschluss 1).

Switch (OSI2, Data Link Layer):

- Kann anstatt HUB's (bei Ethernet-Switch) oder anstatt Router verwendet werden (Abb. 15),
- sollte nur bei größerem Datenaufkommen eingesetzt werden,
- erhöht die Bandbreite in einzelnen Segmenten,
- Verbindungen werden direkt geschaltet (nach MAC-Adressen), Interpretation der IP-Adresse entfällt,
- trennt Netze physikalisch.

Fazit zu Netzwerkgeräten (Routing contra Switching):

Umso mehr Computer in einem Netzsegment vorhanden sind, desto geringer wird die Bandbreite, da sich damit das Datenaufkommen erhöht. Computer, die viel miteinander kommunizieren, sollten deswegen im selben Segment liegen, um den Netzwerkverkehr gering zu halten.

Über Bridges ist es unmöglich, Datenkommunikation zu Segmenten zu betreiben, die nicht direkt an die Bridge angeschlossen sind, sondern durch mehrere Netze getrennt sind. Dafür gibt es Router, die diese Aufgabe erfüllen können. Reine auf Router basierende Netzwerke können heutige Anforderungen an Datendurchsatzraten für neuere Anwendungen aber nicht mehr gänzlich allein erfüllen. Multi-Protokoll über ATM oder IP-Switching sind in einem modernen LAN deswegen mehr und mehr unausweichlich.

Über Router kann der Datenverkehr geregelt werden. Router können darüber entscheiden, welcher Datenverkehr von/zu Domänen fließen darf. Unter TCP/IP müssen Daten aus einem Anwenderprogramm in IP-Datagramme und z. B. im Ethernet weiter in Ethernet-Frames zerlegt werden, die dann als Bitstrom in das Kabel gelangen. Wenn sich beide Teilnehmer einer Kommunikation in der gleichen Domäne befinden, wird über die MAC- und IP-Adresse der Datenverkehr vorgenommen. Befinden sich die Teilnehmer in unterschiedlichen Domänen, muss die Kommunikation über Router stattfinden, wobei nur die IP-Adresse für den anderen Teilnehmer verwendet wird. Über die MAC-Adresse wird nur der nächste Router angesprochen, wobei jeder Router die Frames zuerst zwischenspeichern muss, sie zu IP-Datagrammen zusammen setzen muss, um anhand der IP-Zieladresse im Header (sozusagen ein Briefkopf) festzustellen, über welchen seiner Ports er das Zielgerät erreichen kann. Dazu verfügt der Router über Routing- und Adress-Tabellen, die über Routing-Protokolle aufgebaut wurden. Sodann werden die IP-Datagramme wieder in MAC-Frames zerlegt, mit einer neuen MAC-Zieladresse versehen und über den entsprechenden Port gesendet. Dies passiert bei allen Routern auf dem Weg zum Zielgerät, was natürlich entsprechend viel Zeit benötigt, bis die Datagramme beim Zielgerät eintreffen. Weiter muss der Router über die Routing-Protokolle (RIP, OSPF, etc.) seine Tabellen aktualisieren, Protokolle konvertieren (z.B. von Ethernet zu Frame-Relay, wenn er auch als WAN-Router arbeitet). All dies benötigt zusätzlich viel Hard- und Software auf einem Router (also teuer).

Switching dagegen hat diese Nachteile nicht. Switches können anstatt HUB's (Port-Switching) oder Routern (Segment-Switching) eingesetzt werden. HUB's senden alle ankommenden Signale grundsätzlich auf allen Ports wieder aus. D. h., dass wegen dem CSMA/CD-Zugriffsverfahren von Ethernet alle angeschlossenen Geräte in einer Kollosionsdomäne liegen. Switches leiten ankommende Signale nur auf dem Port wieder aus, auf dem das Gerät sich befindet, für das die Nachricht bestimmt ist. Kollosionen auf den anderen Ports entfallen. Switches legen jedes angeschlossene Gerät sozusagen in ein eigenes Segment. Damit wird die Bandbreite des Netzes erhöht.

ATM-Switches z. B. arbeiten mit Zellen (Frames) von festen Längen, wobei nur die Adressinformationen aus dem ATM-Header gelesen werden muss und anhand von Hardwareentscheidungen (MAC-Adresse) der zu verwendende Switch-Port zur Weiterleitung festgestellt werden muss (Cut-Through-Prinzip). Route-Server werden dabei so eingesetzt, dass die Funktion zur Bildung von Domänen im Netzwerk für alle Switches erhalten bleibt. Ein Route-Server bildet dabei die Intelligenz des Switch-Konzeptes, während die Switches nur Daten weiterleiten, was sie sehr viel schneller in diesem Bereich machen als Router. Ein weiterer Vorteil ist, dass Domänen nicht mehr nach ihren physikalischen Bedingungen (Sub-Netze als Segment) gebildet werden müssen, sondern virtualisiert werden können (sog. virtuelle LANs (VLANs)). ATM bedingt allerdings ATM-fähige Geräte im Netz. Multi-Protocol Over ATM (MPOA) oder Classical IP können aber eine LAN-Emulation herstellen, mittels derer auch herkömmliche LANs über ATM arbeiten können.

ATM-Switches leiten Datagramme also nicht nach IP-Adressen weiter, sondern nach einer völlig inkompatiblen Adressbildung zu IP. Neuere Technologien sollen aber IP-Adressen mit Switches verarbeiten können, um die vielen Vorteile des IP-Protokolls im LAN beibehalten zu können. Dabei wird einem IP-Datenstrom eine Marke zugewiesen, die auf eine Zeile in der Adresstabelle des ATM-Switches verweist. Dadurch kann der IP-Datenstrom nun die Datenpfade der Switches verfolgen, anstatt auf den Routing-Wegen zu bleiben, was das Weiterreichen der IP-Datagramme wesentlich beschleunigt.

2.1.15 Strukturierte Verkabelung in der Netzwerk-Technologie

Jede strukturierte Verkabelung setzt sich aus 3 getrennten Verkabelungsbereichen zusammen:

1. Primär-Verkabelung (gebäudeübergreifende Verkabelung):

Hier hinein fallen alle Kabelwege mit den dazugehörigen Verbindungen, die sich zwischen Gebäuden oder unterschiedlichen Betriebsstätten befindet. Sie endet in der Regel im Keller eines Gebäudes.

Der Primär-Bereich ist das Bindeglied zwischen den einzelnen Sekundär-Bereichen.

Elemente

- Primär-Verkabelung (Campus Backbone Cabling)
- Standortverteiler
- Rangierverteiler im Standortverteiler

2. Sekundär-Verkabelung:

Vom Keller hinauf in die einzelnen Etagen erfolgt die Sekundär-Verkabelung.

Der Gebäudeverteiler ist der Übergang zum Primärbereich.

Elemente

- Gebäudeverteiler
- Sekundär-Verkabelung
- Rangiereinrichtung im Gebäudeverteiler

3. Tertiär-Verkabelung:

Die Verkabelung auf den einzelnen Etagen wird als Tertiär-Verkabelung bezeichnet.

Der Etagenverteiler ist der Übergang zum Sekundärbereich.

Elemente

- Etagenverteiler
- Tertiär-Verkabelung
- Kabelverzweiger
- Anschlussdose
- Anschlusskabel
- Rangierfeld
- Rangierkabel

Backbone-Bereich:

Als Besonderheit innerhalb einer strukturierten Verkabelung zählt der Backbone-Bereich.

Mit Backbone-Bereich wird grundsätzlich der Teil der Kabel-Infrastruktur bezeichnet, der als verbindendes Glied der einzelnen Gebäude-Segmente liegt.

Bei großen Netzwerken mit einer gewissen Anzahl von Segmenten innerhalb verschiedener Gebäude werden für die Verbindung der einzelnen Teilbereiche schnelle Verbindungen benötigt (100–600 MBit/s).

Der Backbone-Bereich kann einen der folgenden Bereiche der Verkabelung betreffen:

- Primär- und kompletter Sekundär-Bereich
- Primärbereich und einige Sekundär-Bereiche
- ausschließlich Primär-Bereich

2.1.16 Strukturvorgaben

Ein strukturiertes Verkabelungssystem muss folgende Vorgaben enthalten:

1. Standortverteiler SV (Primärbereich)
2. Gebäudeverteiler GV (Sekundärbereich)
3. Etagenverteiler EV (Tertiärbereich)
4. Kabelverzweiger KV
5. Informationstechnische Anschlussdose TA

Primär-Verkabelung:

Die Primär-Verkabelung erstreckt sich grundsätzlich vom Standortverteiler bis zum Gebäudeverteiler. Mit ihr erfolgt die Anbindung verschiedener Gebäude. Hier wird im Allgemeinen ein Glasfaserkabel verwendet.

Es sind aber auch Ausnahmen zugelassen, bei denen ein symmetrisches Kupferkabel zum Einsatz kommt.

Sekundär-Verkabelung:

Die Sekundär-Verkabelung bezieht sich auf den Bereich der Gebäude- und Etagenverteiler. Grundsätzlich dürfen hier keine Kabelverzweiger verwendet werden. Auch hier kommt ein Glasfaserkabel zum Einsatz, was seine Begründung im hohen Datendurchsatz hat.

Tertiär-Verkabelung:

Der Bereich der Tertiär-Verkabelung erstreckt sich auf den Bereich der Etagenverteiler bis hin zu den jeweiligen Anschlussdosen. In der Regel erfolgt hier der Einsatz von symmetrischen Kupferkabeln mit einem Wellenwiderstand von 100 Ohm (UTP1-5, Kategorie 1–5). Alternativ sind auch 150-Ohm-Kabel (STP) zulässig.

Etagenverteiler:

Die Empfehlung geht hier zu einem Etagenverteiler pro 1000 qm Bürofläche. Ein solcher Verteiler dient für die Aufnahme von aktiven Elementen (Router, HUB's, etc) und passiven Elementen

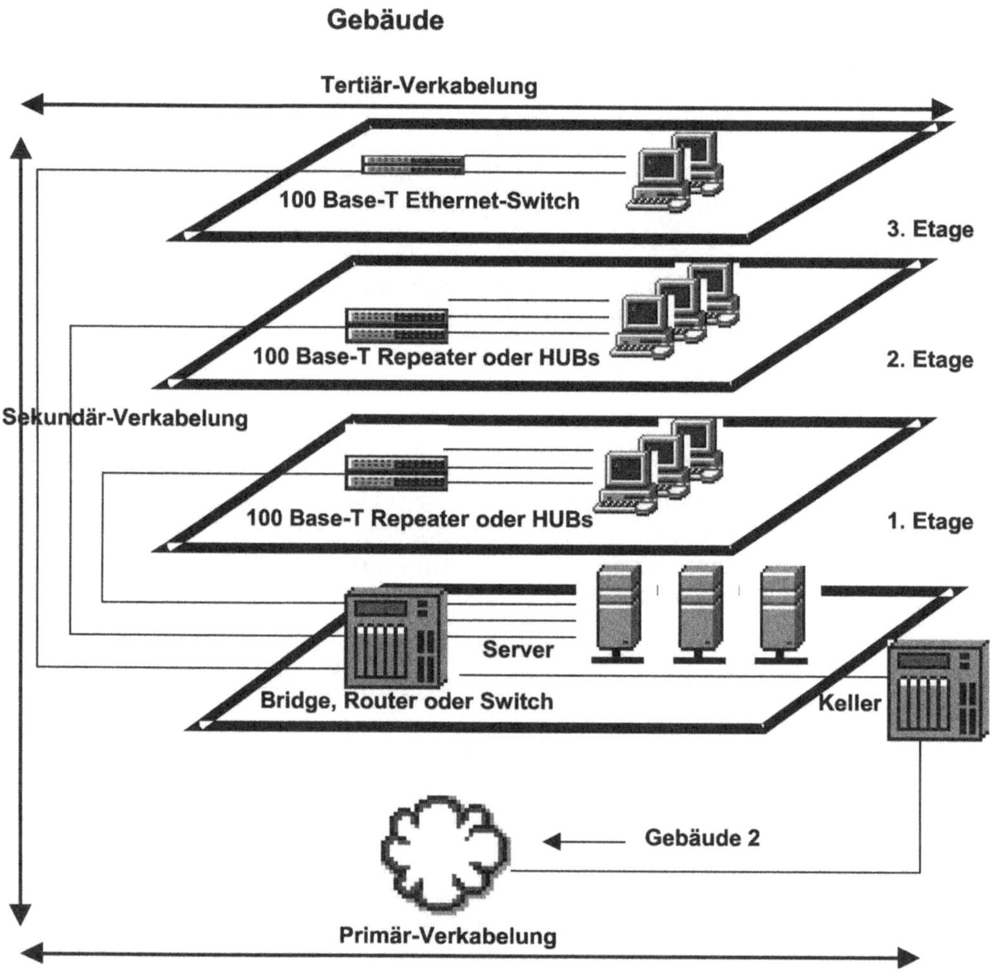

Abb. 13 Strukturierte Verkabelung

(Patchfelder). Als Sonderform können in einem Etagenverteiler auch mehrere kleinere Etagen zusammengefasst werden.

Anschlussdose:

Pro 10 qm Bürofläche sollten grundsätzlich 2 Anschlussdosen vorgesehen werden. Darüber hinaus müssen pro Arbeitsplatz mindestens 2 Anschlüsse eingeplant werden.

2.1.17 Netzwerkbetriebssysteme im Vergleich

Netzwerk-Betriebssysteme im Vergleich	
Novell 3.12:	kleinere und mittlere Netze (textorientierte Bedienung)
Novell 4.x:	mittlere und große Netze (grafik- und textorientierte Verwaltung)
Novell 5:	mittlere und große und sehr große Netze (grafik- und textorientierte Verwaltung), benötigt große Hardware-Ressourcen
Win NT:	kleinere, mittlere und große Netze (grafische Benutzeroberfläche) benötigt große Hardware-Ressourcen (RAM) Arbeiten am Server möglich
Win 2000:	mittlere und große und sehr große Netze (grafische Benutzeroberfläche), benötigt große Hardware-Ressourcen (RAM), Arbeiten am Server möglich, sehr komplexe Administration notwendig
Linux (Unix):	sehr große Netze (grafik- und textorientierte Oberfläche), grundsätzlich peer to peer, sehr schwierige Administration

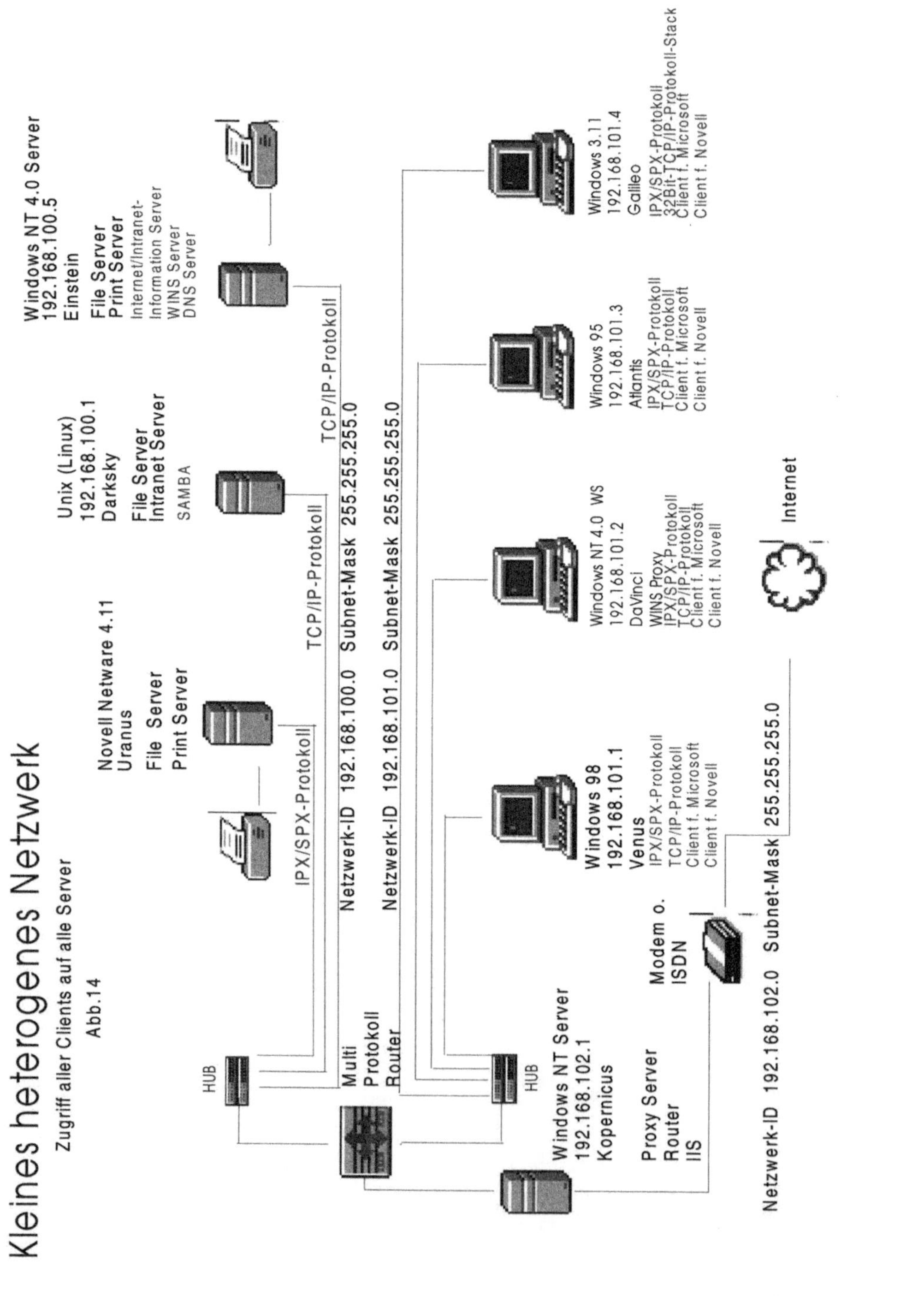
Kleines heterogenes Netzwerk
Zugriff aller Clients auf alle Server
Abb.14
Novell Netware 4.11
Uranus
File Server
Print Server
Unix (Linux)
192.168.100.1
Darksky
File Server
Intranet Server
SAMBA
Windows NT 4.0 Server
192.168.100.5
Einstein
File Server
Print Server
Internet/Intranet-
Information Server
WINS Server
DNS Server
IPX/SPX-Protokoll
TCP/IP-Protokoll
TCP/IP-Protokoll
Netzwerk-ID 192.168.100.0 Subnet-Mask 255.255.255.0
Netzwerk-ID 192.168.101.0 Subnet-Mask 255.255.255.0
HUB
Multi Protokoll Router
HUB
Windows NT Server
192.168.102.1
Kopernicus
Proxy Server
Router
IIS
Modem o. ISDN
Windows 98
192.168.101.1
Venus
IPX/SPX-Protokoll
TCP/IP-Protokoll
Client f. Microsoft
Client f. Novell
Windows NT 4.0 WS
192.168.101.2
DaVinci
WINS Proxy
IPX/SPX-Protokoll
TCP/IP-Protokoll
Client f. Microsoft
Client f. Novell
Windows 95
192.168.101.3
Atlantis
IPX/SPX-Protokoll
TCP/IP-Protokoll
Client f. Microsoft
Client f. Novell
Windows 3.11
192.168.101.4
Galileo
IPX/SPX-Protokoll
32Bit-TCP/IP-Protokoll-Stack
Client f. Microsoft
Client f. Novell
Internet
Netzwerk-ID 192.168.102.0 Subnet-Mask 255.255.255.0

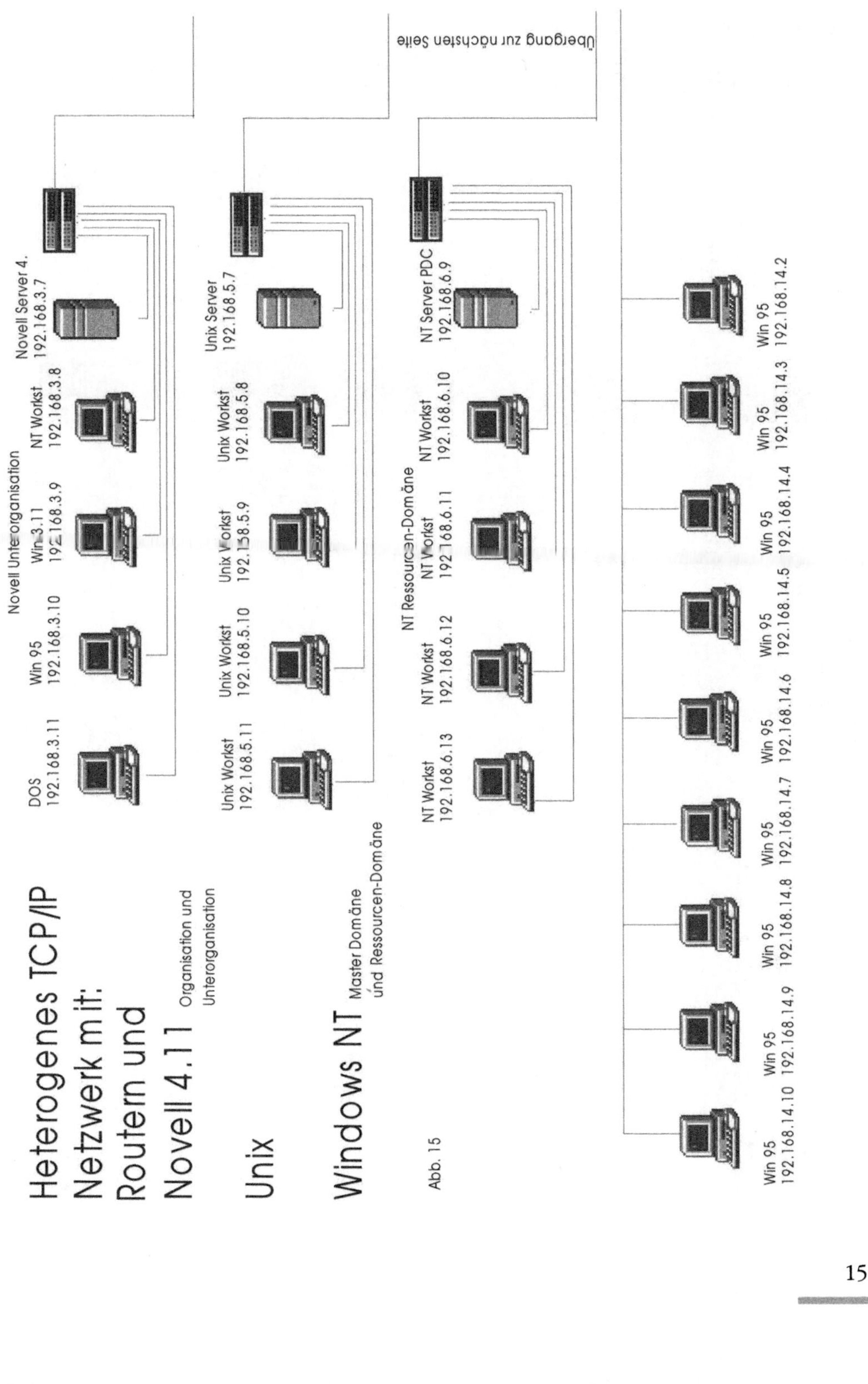
Heterogenes TCP/IP Netzwerk mit: Routern und Novell 4.11
Organisation und Unterorganisation
Unix
Windows NT
Master Domäne und Ressourcen-Domäne
Novell Unterorganisation
DOS 192.168.3.11
Win 95 192.168.3.10
Win 3.11 192.168.3.9
NT Workst 192.168.3.8
Novell Server 4. 192.168.3.7
Unix Workst 192.168.5.11
Unix Workst 192.168.5.10
Unix Workst 192.168.5.9
Unix Workst 192.168.5.8
Unix Server 192.168.5.7
NT Ressourcen-Domäne
NT Workst 192.168.6.13
NT Workst 192.168.6.12
NT Workst 192.168.6.11
NT Workst 192.168.6.10
NT Server PDC 192.168.6.9
Übergang zur nächsten Seite
Win 95 192.168.14.10
Win 95 192.168.14.9
Win 95 192.168.14.8
Win 95 192.168.14.7
Win 95 192.168.14.6
Win 95 192.168.14.5
Win 95 192.168.14.4
Win 95 192.168.14.3
Win 95 192.168.14.2

Abb. 15

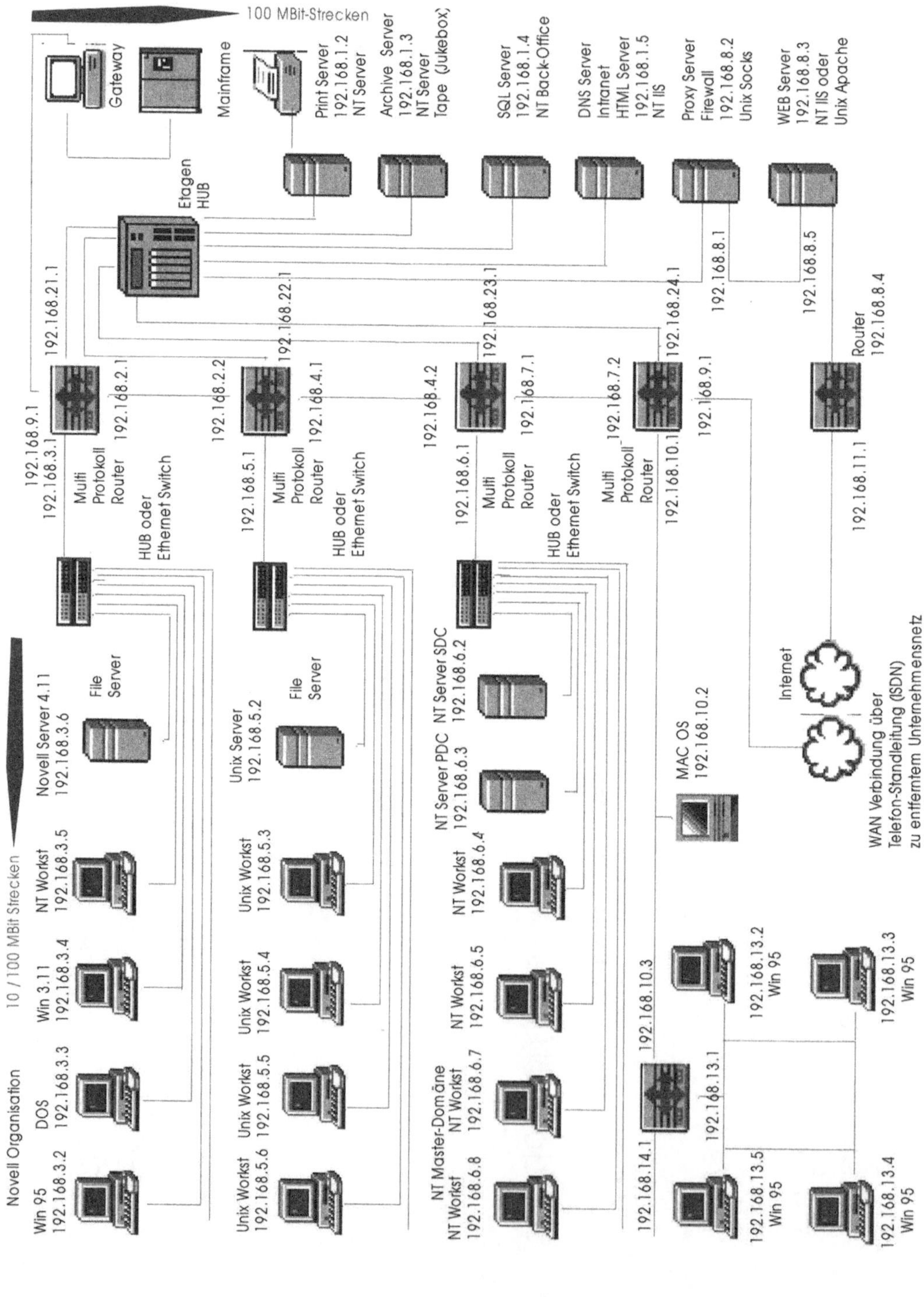
100 MBit-Strecken
Gateway
Mainframe
Etagen HUB
Print Server 192.168.1.2 NT Server
Archive Server 192.168.1.3 NT Server Tape (Jukebox)
SQL Server 192.168.1.4 NT Back-Office
DNS Server Intranet HTML Server 192.168.1.5 NT IIS
Proxy Server Firewall 192.168.8.2 Unix Socks
WEB Server 192.168.8.3 NT IIS oder Unix Apache
192.168.21.1
192.168.22.1
192.168.23.1
192.168.24.1
192.168.8.1
192.168.8.5
192.168.8.4
Router 192.168.8.4
192.168.9.1
192.168.3.1
Multi Protokoll Router
192.168.2.1
192.168.2.2
192.168.5.1
192.168.4.1
192.168.4.2
192.168.6.1
192.168.7.1
192.168.7.2
192.168.10.1
192.168.9.1
192.168.11.1
HUB oder Ethernet Switch
10 / 100 MBit Strecken
Novell Organisation
Win 95 192.168.3.2
DOS 192.168.3.3
Win 3.11 192.168.3.4
NT Workst 192.168.3.5
Novell Server 4.11 192.168.3.6
File Server
Unix Workst 192.168.5.6
Unix Workst 192.168.5.5
Unix Workst 192.168.5.4
Unix Workst 192.168.5.3
Unix Server 192.168.5.2
NT Master-Domäne
NT Workst 192.168.6.8
NT Workst 192.168.6.7
NT Workst 192.168.6.5
NT Workst 192.168.6.4
NT Server PDC 192.168.6.3
NT Server SDC 192.168.6.2
MAC OS 192.168.10.2
Internet
WAN Verbindung über Telefon-Standleitung (ISDN) zu entferntem Unternehmensnetz
192.168.14.1
192.168.13.1
192.168.10.3
192.168.13.5 Win 95
192.168.13.2 Win 95
192.168.13.4 Win 95
192.168.13.3 Win 95

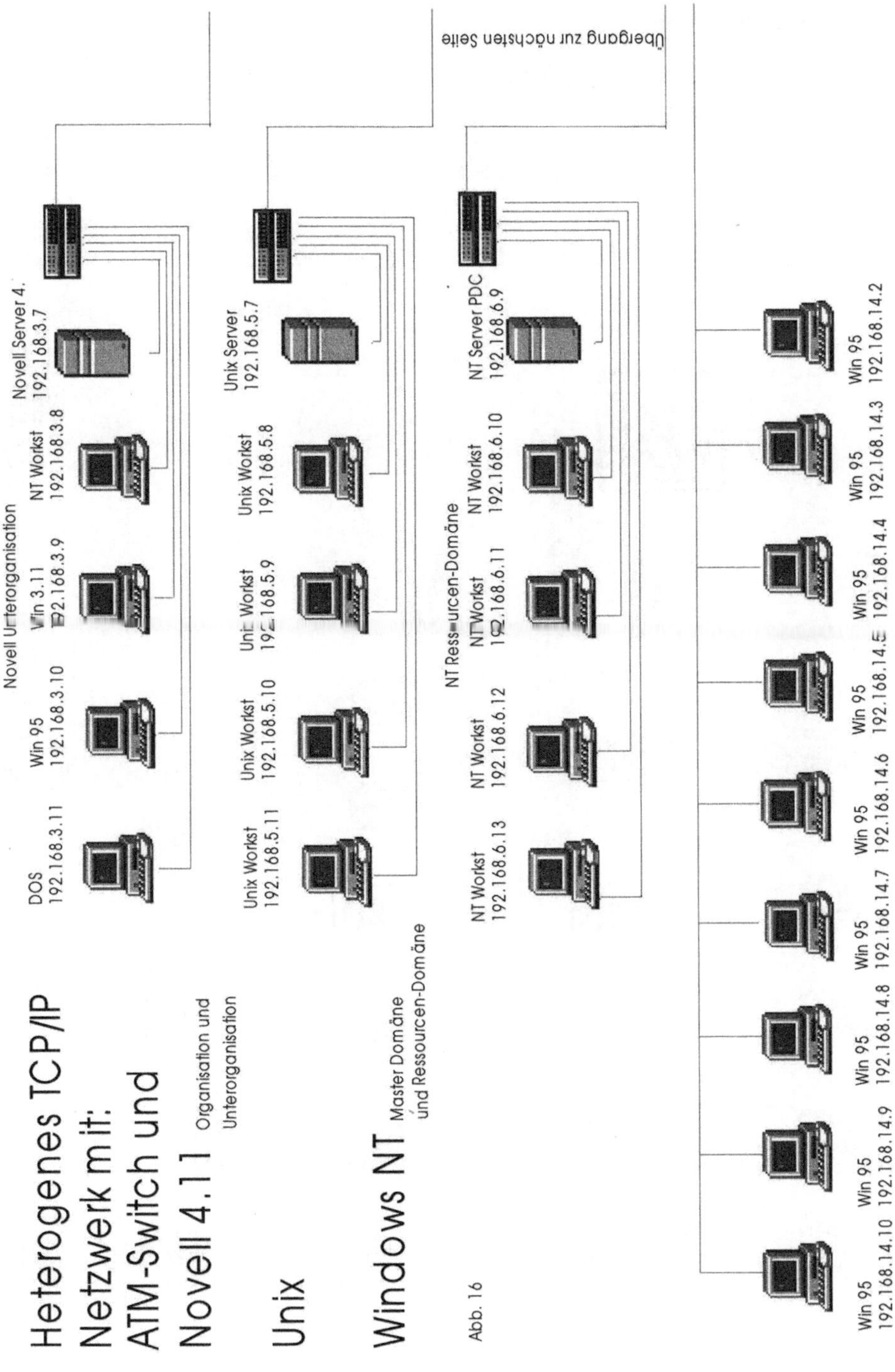
Heterogenes TCP/IP
Netzwerk mit:
ATM-Switch und
Novell 4.11
Organisation und Unterorganisation
Unix
Windows NT
Master Domäne und Ressourcen-Domäne
Novell Unterorganisation
DOS 192.168.3.11
Win 95 192.168.3.10
Win 3.11 192.168.3.9
NT Workst 192.168.3.8
Novell Server 4. 192.168.3.7
Unix Workst 192.168.5.11
Unix Workst 192.168.5.10
Unix Workst 192.168.5.9
Unix Workst 192.168.5.8
Unix Server 192.168.5.7
NT Ressourcen-Domäne
NT Workst 192.168.6.13
NT Workst 192.168.6.12
NT Workst 192.168.6.11
NT Workst 192.168.6.10
NT Server PDC 192.168.6.9
Übergang zur nächsten Seite
Win 95 192.168.14.10
Win 95 192.168.14.9
Win 95 192.168.14.8
Win 95 192.168.14.7
Win 95 192.168.14.6
Win 95 192.168.14.5
Win 95 192.168.14.4
Win 95 192.168.14.3
Win 95 192.168.14.2

Abb. 16

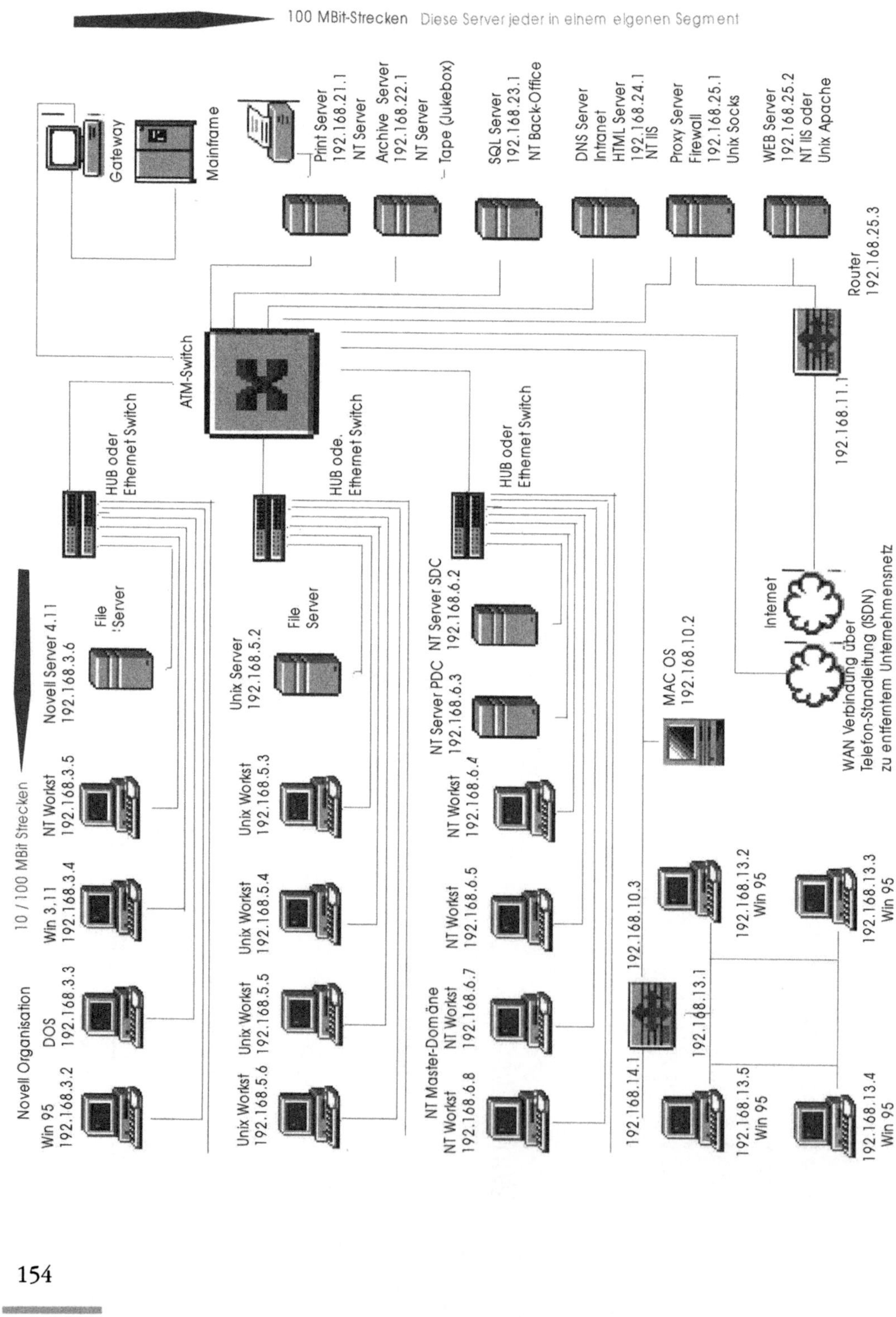
100 MBit-Strecken
Diese Server jeder in einem eigenen Segment
Gateway
Mainframe
Print Server
192.168.21.1
NT Server
Archive Server
192.168.22.1
NT Server
Tape (Jukebox)
SQL Server
192.168.23.1
NT Back-Office
DNS Server
Intranet
HTML Server
192.168.24.1
NT IIS
Proxy Server
Firewall
192.168.25.1
Unix Socks
WEB Server
192.168.25.2
NT IIS oder
Unix Apache
Router
192.168.25.3
192.168.11.1
ATM-Switch
HUB oder
Ethernet Switch
HUB ode.
Ethernet Switch
HUB oder
Ethernet Switch
10 / 100 MBit Strecken
Novell Organisation
Win 95
192.168.3.2
DOS
192.168.3.3
Win 3.11
192.168.3.4
NT Workst
192.168.3.5
Novell Server 4.11
192.168.3.6
File
Server
Unix Workst
192.168.5.6
Unix Workst
192.168.5.5
Unix Workst
192.168.5.4
Unix Workst
192.168.5.3
Unix Server
192.168.5.2
File
Server
NT Master-Domäne
NT Workst
192.168.6.8
NT Workst
192.168.6.7
NT Workst
192.168.6.5
NT Workst
192.168.6.4
NT Server PDC
192.168.6.3
NT Server SDC
192.168.6.2
MAC OS
192.168.10.2
Internet
WAN Verbindung über
Telefon-Standleitung (ISDN)
zu entferntem Unternehmensnetz
192.168.14.1
192.168.13.1
192.168.10.3
192.168.13.5
Win 95
192.168.13.2
Win 95
192.168.13.4
Win 95
192.168.13.3
Win 95

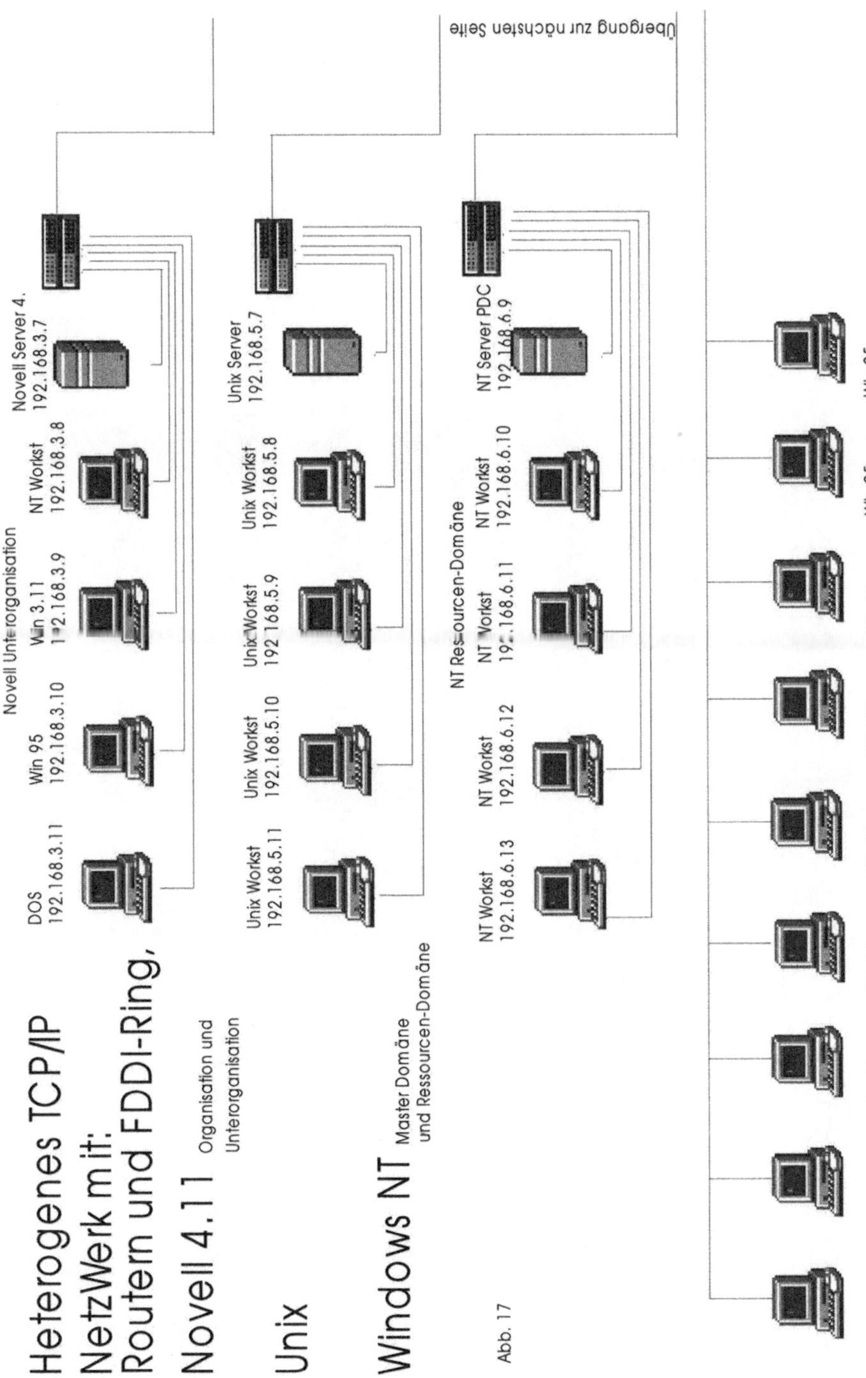
Heterogenes TCP/IP
NetzWerk mit:
Routern und FDDI-Ring,
Novell 4.11
Organisation und Unterorganisation
Unix
Windows NT
Master Domäne und Ressourcen-Domäne
Novell Unterorganisation
DOS 192.168.3.11
Win 95 192.168.3.10
Win 3.11 192.168.3.9
NT Workst 192.168.3.8
Novell Server 4. 192.168.3.7
Unix Workst 192.168.5.11
Unix Workst 192.168.5.10
Unix Workst 192.168.5.9
Unix Workst 192.168.5.8
Unix Server 192.168.5.7
NT Ressourcen-Domäne
NT Workst 192.168.6.13
NT Workst 192.168.6.12
NT Workst 192.168.6.11
NT Workst 192.168.6.10
NT Server PDC 192.168.6.9
Übergang zur nächsten Seite
Win 95 192.168.14.10
Win 95 192.168.14.9
Win 95 192.168.14.8
Win 95 192.168.14.7
Win 95 192.168.14.6
Win 95 192.168.14.5
Win 95 192.168.14.4
Win 95 192.168.14.3
Win 95 192.168.14.2
Abb. 17

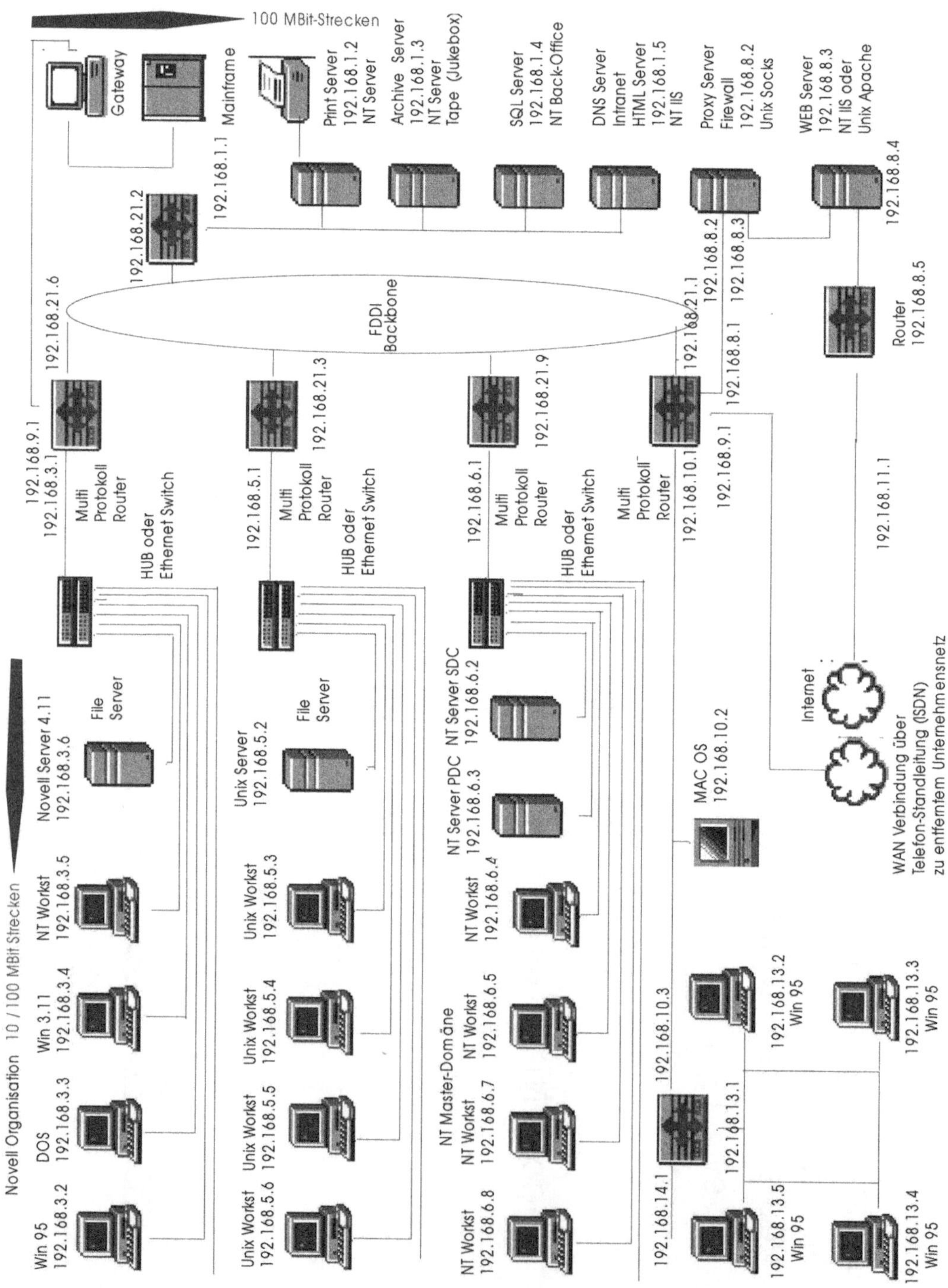
100 MBit-Strecken
Gateway
Mainframe
192.168.1.1
Print Server
192.168.1.2
NT Server
Archive Server
192.168.1.3
NT Server
Tape (Jukebox)
SQL Server
192.168.1.4
NT Back-Office
DNS Server
Intranet
HTML Server
192.168.1.5
NT IIS
Proxy Server
Firewall
192.168.8.2
Unix Socks
WEB Server
192.168.8.3
NT IIS oder
Unix Apache
192.168.8.4
192.168.21.2
192.168.21.6
FDDI
Backbone
192.168.21.3
192.168.21.9
192.168.21.1
192.168.8.2
192.168.8.3
192.168.8.1
Router
192.168.8.5
192.168.9.1
192.168.3.1
Multi
Protokoll
Router
HUB oder
Ethernet Switch
192.168.5.1
Multi
Protokoll
Router
HUB oder
Ethernet Switch
192.168.6.1
Multi
Protokoll
Router
HUB oder
Ethernet Switch
Multi
Protokoll
Router
192.168.10.1
192.168.9.1
192.168.11.1
Novell Organisation 10 / 100 MBit Strecken
Novell Server 4.11
192.168.3.6
File
Server
NT Workst
192.168.3.5
Win 3.11
192.168.3.4
DOS
192.168.3.3
Win 95
192.168.3.2
Unix Server
192.168.5.2
File
Server
Unix Workst
192.168.5.3
Unix Workst
192.168.5.4
Unix Workst
192.168.5.5
Unix Workst
192.168.5.6
NT Server SDC
192.168.6.2
NT Server PDC
192.168.6.3
NT Workst
192.168.6.4
NT Master-Domäne
NT Workst
192.168.6.5
NT Workst
192.168.6.7
NT Workst
192.168.6.8
MAC OS
192.168.10.2
192.168.10.3
192.168.13.1
192.168.14.1
192.168.13.2
Win 95
192.168.13.3
Win 95
192.168.13.5
Win 95
192.168.13.4
Win 95
Internet
WAN Verbindung über
Telefon-Standleitung (ISDN)
zu entferntem Unternehmensnetz

Legende

Server

Switch

Workstation

Großrechner (Mainframe)

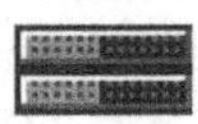
HUB oder Ethernet-Switch

Gateway

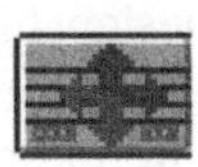
Multiprotokoll Router

Modem oder ISDN

Etagen-HUB

MAC-Intosh Workstation

Die große, weite Welt

Drucker

2.1.18 Optimieren von Netzwerken

Netzwerk-Design:

Das richtige Netzwerk-Design ist unter dem Gesichtspunkt des Datenaufkommens in einem Netzwerk eines der wichtigsten Kriterien und mit entscheidend darüber, wie ein Netzwerk funktioniert. Sicher kann man mit einer 10Base2/10BaseT-Verkabelung, ein paar Hub's, einem Server und ein paar Workstations ein Netzwerk aufbauen, welches in kleineren Büros sehr wahrscheinlich völlig ausreichend ist. Sind Unternehmen größer, steigen allerdings die Anforderungen an ein Netzwerk sehr schnell.

Umfangreicher Anmeldeverkehr, Transfers von servergespeicherten Dateien, DHCP, WINS, DNS, Internetverkehr und E-Mail, Replikationen und Anwendungen, Austausch von Routerinformationen, Zusatz- und Hilfsprotokolle benötigen entsprechende Bandbreite, damit das Netz nicht irgendwann zum Erliegen kommt. Überlastete, blockierte Server, Engpässe im Netz durch überlastete Netzwerk-Geräte wie Router, Switches oder Hub's können weiter zu dazu beitragen, dass Netzwerke nicht stabil laufen und so Anwender in ihrem Arbeitsablauf beeinträchtigt sind.

Mit dem richtigen Netzwerk-Design für die jeweilige Situation in einem Unternehmen kann vielen Problemen, die durch entsprechenden Datenverkehr auftauchen können, schon im Vorfeld aus dem Weg gegangen werden. Um den Datenverkehr in einem Netzwerk zu verstehen und einzuordnen und damit ein Netzwerk effizient gestalten (designen) zu können, muss dieser bekannt sein.

Datenverkehr

Beispiel:

Datenverkehr in einem Win-NT-Netzwerk durch

- Anmeldedienst
- Computer-Suchdienst
- DHCP (zwischen DHCP-Clients und DHCP-Servern)
- DHCP (zwischen DHCP-Servern und DHCP-Relay-Agenten)
- WINS (zwischen WINS-Clients und WINS-Servern)
- WINS (Replikation zwischen WINS-Servern)
- Verzeichnisreplikation

- DNS(zwischen DNS-Clients und DNS-Servern)
- DNS (Replikation zwischen DNS-Servern)
- Datenverkehr von/zum Internet (mit Browser oder E-Mail)
- Datenverkehr zwischen Clients und Servern aufgrund einer Dateisitzung
- Kontensynchronisation zwischen Servern (PDC, BDC)
- Vertrauensstellungen
- Serversuchdienst
- Servergespeicherte Profile

(detaillierter wird weiter unten auf diesen Datenverkehr eingegangen).

Broadcasts

Broadcasts sind Frames, die an alle Computer im Netzwerk verschickt werden. Netware-Server verschicken über Broadcasts z. B. die Bekanntmachung ihrer Dienste, die sie im Netzwerk bereitstellen. In MS-Netzwerken, die nicht über WINS oder DNS verfügen, werden über Broadcasts die Namensauswertungen der Computer vorgenommen, DHCP-Clients verschicken DHCP-Broadcasts, um einen DHCP-Server zu finden, von dem sie ihre IP-Adresse beziehen können, ARP verschickt Broadcasts, um die MAC-Adresse eines Remote-Computers zu erfahren, Router gleichen über Broadcasts ihre Routing-Tabellen ab, auch NetBIOS gehört zu den großen Verursachern von Broadcasts, jedes installierte Protokoll verursacht Broadcasts. Broadcasts können ein Netzwerk so überlasten, dass ein erheblicher Leistungsabfall des Netzwerkes die Folge sein kann. Broadcasts sind aber in Netzwerken auch unerlässlich, um viele Dinge zu regeln.

Da Switches Frames nur über MAC-Adressen im Netzwerk weiterreichen, sind Switches für Broadcasts durchlässig. Switches wissen nicht, um welche Art Broadcast es sich handelt. Broadcasts verbreiten sich also ungehindert über Switches. Sie können in alle Netzwerksegmente gelangen.

Router dagegen sperren Broadcasts weitgehend. Ein Router kann erkennen, was für ein Broadcast ihn erreicht hat, da Router Frames interpretieren. Dieser wird nun in einen Unicast verwandelt, der nur an eine spezielle Adresse weiter gereicht wird, für die der Rahmen bestimmt ist (wenn z. B. ein DHCP-Client einen DHCP-Server sucht (der Router muss dazu allerdings DHCP-fähig sein)). Router speichern auch Informationen. Wenn z. B. eine ARP-Anfrage eines Computers an einen anderen Computer geschickt wird und diese vom Remote-Computer beantwortet wurde, beantwortet der Router die nächste Anfrage nach dem Paar IP-MAC-Adresse direkt. Auch SAP's von Netware-Servern werden in Routern zwischengespeichert. Diese gespeicherten Informationen werden dann an andere Router im Netzwerk verschickt. Router hindern Broadcasts also daran, sich im gesamten Netzwerk zu verbreiten.

Diese Tatsache ist wichtig, denn nicht nur das Netzwerk, sondern auch Computer können von Broadcasts regelrecht lahm gelegt werden. Umso mehr Broadcasts einen Computer erreichen, desto mehr CPU-Zeit wird von Computern benötigt, um die Broadcasts zu handhaben. Oftmals kann die Netzwerkkarte nicht entscheiden, wie die Broadcasts zu handhaben sind, sondern muss diese an den Prozessor weiterreichen, was zu Lasten der eigenen Arbeit geht und so Anwender daran hindern kann, ihre Arbeit zu tun.

Die richtige Gestaltung des Netzwerkes durch den Einsatz von Routern, Switches und Servern an der richtigen Stelle im Netz, ist also eine Grundvoraussetzung für den reibungslosen Ablauf von Netzwerkaktivitäten und damit einer optimalen Netzwerkleistung.

Multicasts

Multicasts sind Frames, die nur an spezielle Computer im Netzwerk gesendet werden. Sie verursachen nicht soviel Datenverkehr wie Broadcasts. Der verursachte Datenverkehr ist aber immer noch höher, als wenn Frames direkt an eine MAC-Adresse gesendet werden.

Frames mit Ziel

Hierrunter fallen alle Datenpakete, die direkt von einer MAC-Adresse an eine andere im Netzwerk geschickt werden. Diese verursachen am wenigsten Datenverkehr.

Protokolle

In einem Netzwerk sollten nur die Protokolle installiert sein, die auch wirklich benötigt werden, um unnötigen Datenverkehr zu vermeiden. IPX und NWLink sowie NetBIOS verursachen sehr viel Broadcasts und somit viel Datenverkehr. Versendet IPX z. B. seine SAP's, werden diese natürlich nicht nur von IPX-basierten WS's entgegen genommen, sondern auch Computer, auf denen nur TCP/IP installiert ist, müssen sich mit dem Broadcast auseinander setzen, da die MAC-Adresse der Netzwerkkarte für IPX und TCP/IP gleichermaßen verwendet wird. Also auch TCP/IP-Computer müssen ihre Arbeit unterbrechen, nachsehen, ob der Rahmen für sie bestimmt ist, und dann verwerfen.

TCP/IP verwendet Frames mit Ziel. Das Datenaufkommen durch TCP/IP ist somit sehr viel geringer als mit den anderen Protokollen. Zudem hat TCP/IP sehr viele andere Vorteile und setzt sich auch mehr und mehr in Netzwerken durch.

Auch das Einrichten einer Sitzung zwischen zwei Computern verursacht viel Datenverkehr. Nachfolgend ein Beispiel der Vorgänge über das TCP/IP-Protokoll:

Netzwerkverkehr beim Einrichten einer Datenübertragung

1. NetBIOS-Name des Remote-Computers wird zur IP-Adresse aufgelöst
    1. Ein Broadcast wird an alle Computer gesendet, oder
    2. ein WINS-Server wird befragt, oder
    3. ein DNS-Server wird befragt, oder
    4. LMHOST-Dateien werden ausgewertet.
2. IP-Adresse zur MAC-Adresse auflösen (ARP)
   Der Quell-Computer sendet einen Broadcast zum Ziel-Computer, dass er ihm seine MAC-Adresse mitteilen soll. Der Ziel-Computer antwortet mit seiner MAC-Adresse.
3. TCP-Verbindung aufbauen
   Der erste Host sendet ein Paket an den zweiten Host, dass er eine Sitzung anfordert. Der zweite Host empfängt dieses Paket, sendet Infos über sich selbst und dass er bereit ist. Der erste Host quittiert diese Infos (3-facher Handshake). Eine Sitzung ist jetzt eingerichtet.
   Zum Einsehen der Sitzungen:
   TCP-IP-Kommunikation = Befehl **netstat** (Eingabeaufforderung) unter NT
   NetBIOS-Sitzungen = Befehl **nbtstat** (Eingabeaufforderung) unter NT
4. NetBIOS-Sitzung aufbauen
   Wie bei TCP muss eine NetBIOS-Sitzung eingerichtet werden, bevor zwei Hosts miteinander kommunizieren können.

Der Ziel-Server muss sowohl den Computer-Namen als auch die NetBIOS-Sitzung bestätigen.

5. SMB-Protokolle aushandeln
   Jeder SMB ist ein Dialekt. Jeder Computer kann mehrere SMB-Dialekte verstehen. Der Client teilt dem Server mit, welche Dialekte er beherrscht. Der Server antwortet damit, dass er dem Client den höchsten Dialekt bestätigt.
6. Aufbauen der Verbindung zu einer Freigabe
   1. Der Client baut eine Verbindung zum Server auf
      1. Freigabe-Namen senden
      2. Benutzer-Name und Kennwort senden
   2. Der Server bestätigt den Benutzer-Namen und das Kennwort
7. Daten übertragen

Server

Um ein Netzwerk effizient aufbauen zu können, welches nicht nur für den Moment, sondern auch zukünftig vernünftig laufen soll, ist es wichtig, dass man sich als Netzwerk-Designer/Administrator darüber bewusst ist, mit welchem Datenverkehr wo im Netzwerk zu rechnen ist. In diesem Zusammenhang nehmen Standorte von Servern innerhalb des Netzwerkes eine zentrale Rolle ein. Dabei wird unterschieden in

- Enterprise oder zentralisierte Server und
- Verteilte oder Workgroup-Server

Enterprise Server

Enterprise oder zentralisierte Server befinden sich meisten in einem extra dafür vorgesehenen, gesicherten Raum, nämlich dem Serverraum. Ob nun Anmeldeverkehr, Anwendungen, Replikationen, etc., alles wird über diese Server abgewickelt. Entsprechend hoch liegt hier das Datenaufkommen, da alle WS's im Netz auf diese Server zugreifen. Auch der Router muss den ganzen Datenverkehr bewältigen.

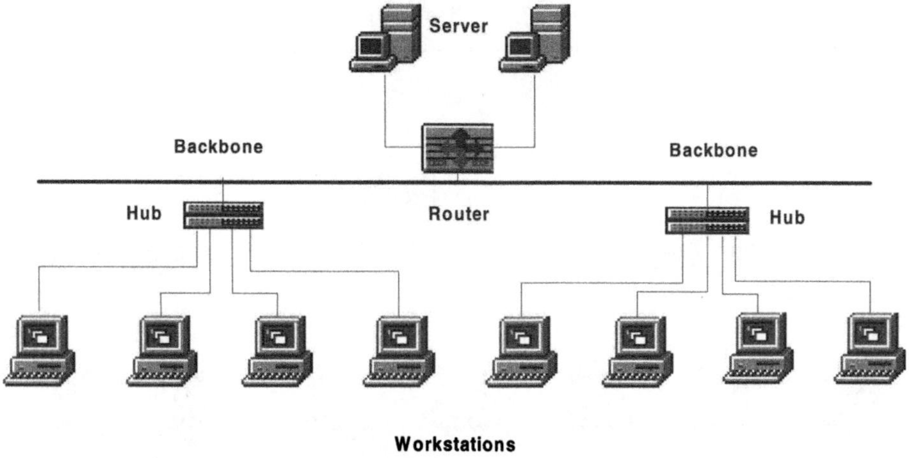

Abb. 18 Enterprise Server

Verteilte Server

Verteilte oder lokale bzw. Workgroup-Server agieren nicht für alle Benutzer in einem Netzwerk, sondern nur bestimmte Ws's können darauf zugreifen, weswegen diese Server immer physisch in der Nähe dieser WS's stehen sollten (im gleichen Subnetz), z. B. verschiedenen Abteilungen eines Unternehmens können einen eigenen Server für die Abwicklung ihres Datenverkehrs erhalten. Durch diese Art wird der Netzwerkverkehr auf den zentralen Strecken des Netzwerk erheblich verringert, was wiederum bessere Antwortzeiten der zentralen Server zur Folge hat.

Für die jeweilige Situation empfiehlt sich aber auch der Einsatz von beiden Arten. Sowohl verteilte als auch zentralisierte Server sollten zum Einsatz kommen, so, wie die Situation in einem Unternehmen es erfordert. So können z. B. Daten, die nur der jeweiligen Abteilung zugänglich sein sollen, auf deren Workgroup-Server gespeichert werden, während Daten, die allen Anwendern zugänglich sein sollen, auf zentralisierten Servern abgelegt werden. E-Mail-, Web- oder SQL-Server zählen hierzu. Der Datenverkehr auf der zentralen Strecke des Netzwerks kann durch Einsatz beider Varianten auf jeden Fall erheblich verringert werden.

Eine sinnvolle Aufteilung von Workgroup- und zentralisierten Servern in einem Netzwerk ist in den Abb. 15–17 im vorherigen Abschnitt dargestellt. Die Anmelde- und File-Server der jeweili-

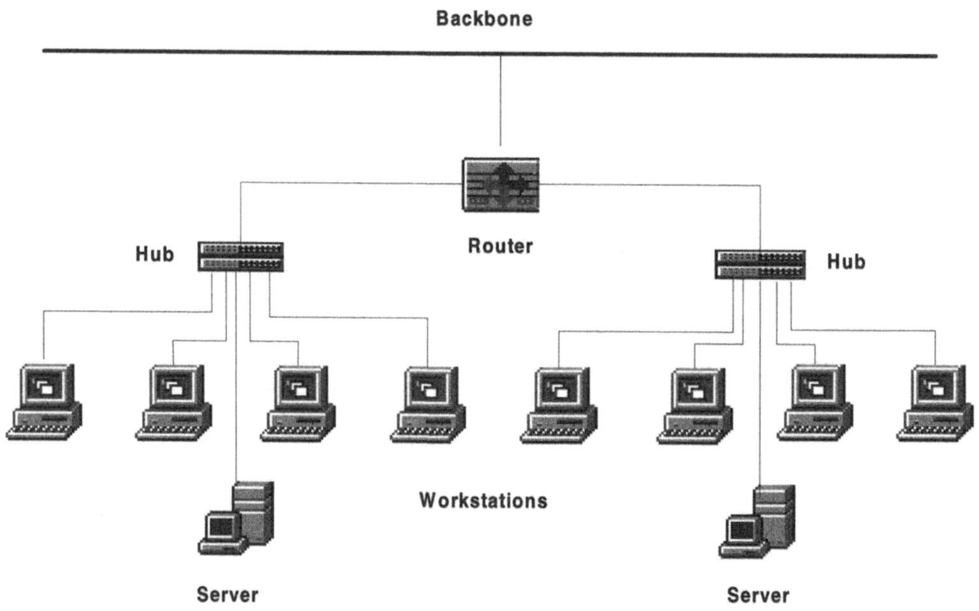

Abb. 19 Verteilte Server

gen Organisationseinheiten liegen in ihrem Subnetz. Der Anmelde- und File-Verkehr wird somit nur auf dieses Subnetz beschränkt. Router zu jedem Subnetz verhindern die Ausbreitung von unnötigem Datenverkehr auf den zentralen Strecken des Netzwerks. Server, die für alle im Netzwerk Dienste bereitstellen, sind zentral, für alle erreichbar angebracht. Die File-Server der jeweiligen Organisationseinheiten können nachts eine Datenreplikation mit einem zentralisierten Backup-Server (Archiv-Server) abhalten, so dass die Daten der Organisationseinheiten trotzdem zentral gesichert werden können.

Verfügbarkeit von Netzwerken

Computer und Computer-Netzwerke sind aus den meisten Firmen heute nicht mehr wegzudenken. Unter Umständen steht oder fällt die ganze Firma mit der Verfügbarkeit von Computern und Netzwerken, so dass geradezu eine Abhängigkeit vieler Firmen von ihrer EDV entstanden ist. Umso wichtiger ist die laufende Verfügbarkeit der EDV in einer Firma geworden.

Workstations sind relativ schnell auszutauschen, solange sich keine relevanten Daten darauf befinden (sollte auch nicht). Im

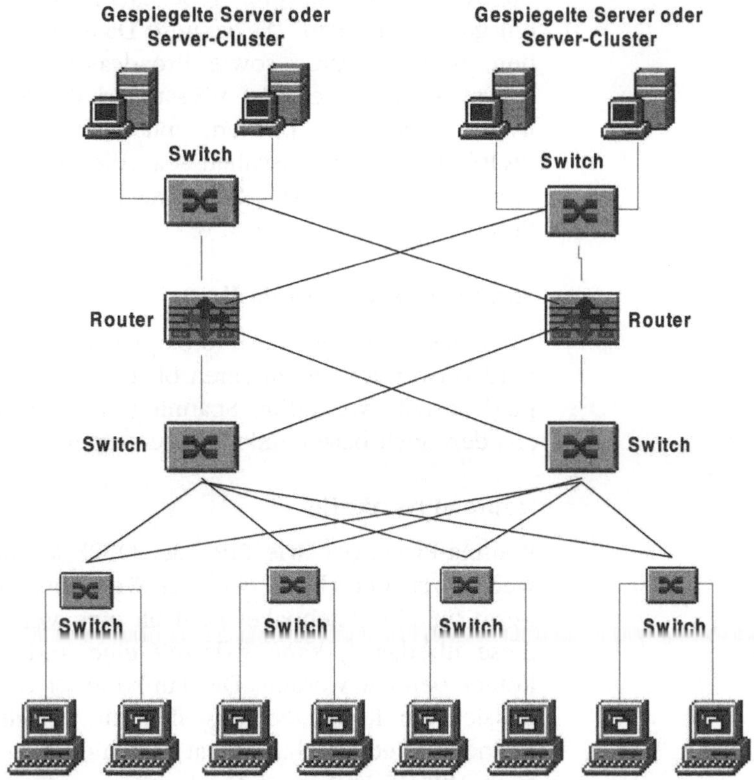

Abb. 20 Sicheres Netzwerk mit Datenpfadredundanz

Server-Bereich heißt dies schon lange USV's, redundante Prozessoren, Plattenspiegelung oder RAID5 (siehe „Festplatten-Manager" unter Win NT4), Datensicherung auf Bandlaufwerke, Serverspiegelung, Ausweichserver, die nur bei Ausfall des Hauptservers eingesetzt werden, und/oder Cluster-Server (siehe „Cluster" unter Win2000).

Aber auch im Netzwerk-Bereich muss für solche Firmen dauernde Verfügbarkeit gegeben sein. Der Ausfall des Netzwerkes kann eine solche Firma um beträchtlich Summen bringen. Im Netzwerk-Bereich heißt Verfügbarkeit „Datenpfadredundanz". Unter Datenpfadredundanz wird die Möglichkeit verstanden, dass Daten Wege über verschiedene Netzwerkverbindungen nehmen können, dass es zu einem Ziel also nicht nur einen Weg gibt, sondern mehrere (Maschennetz).

Im „normalen Netzwerk" gebe es mit der Datenpfadredundanz ein großes Problem. Da mehrere Datenpfade zur Verfügung stehen, würden Daten sowie Broadcasts als Endlosschleife zwischen den Switches und WS's unterhalb der Router zirkulieren. Damit dies nicht passiert, müssen entsprechende Software-Protokolle im Netz installiert sein, die dies verhindern. Im Allgemeinen werden das Spanning-Tree-Protokoll oder Router-Protokolle dazu eingesetzt.

Spanning-Tree-Protokoll

Über das Spanning-Tree-Protokoll wird nur ein Pfad als Hauptpfad verwendet. Die anderen bleiben in Reserve, bis der Hauptpfad ausfällt, woraufhin Spanning-Tree einen neuen Hauptpfad aus den noch bestehenden Pfaden einrichtet.

Router-Protokolle

Routing-Protokolle wie RIP oder OSPF können dazu verwendet werden, zu berechnen, welcher Weg über ein Maschennetz der Beste für ein Datenpaket ist. Fällt eine Verbindung aus oder ist diese überlastet, kann jederzeit eine andere Verbindung vom Router benutzt werden. Die Funktion ist darüber gewährleistet, da sich am Router Schnittstellen mit verschiedenen Subnetzen befinden (Netzwerkkarten mit verschiedenen IP-Adressen) (siehe auch Abb. 15 im letzten Abschnitt).

Die Möglichkeit über Routing-Protokolle eignet sich auch, um die Datenlast besser aufteilen zu können.

Hot-Standby-Routing-Protokoll (HSRP)

Jeder Computer in einem gerouteten Netzwerk verfügt normalerweise über ein Standard-Gateway, über das alle Datenpakete geschickt werden, die nicht für das eigene Netzwerk bestimmt sind. Fällt dieser Router aus, besteht für diese Computer kein vollständiger Zugang zum gesamten Netzwerk mehr. HSRP stellt eine Möglichkeit dar, mehrere Router mit ein und derselben virtuellen IP- und MAC-Adresse auszustatten, so dass bei Ausfall des Standard-Gateway's für Computer dennoch der Zugang zum gesamten Netzwerk erhalten bleibt.

Skalierbarkeit von Netzwerken

Netzwerke sollten heute so veränderbar/erweiterbar aufgebaut werden, dass nicht jedes Mal, wenn das Unternehmen wächst, ein Netz völlig neu aufgebaut werden muss. Firmen wachsen, neue Mitarbeiter werden eingestellt, neue Technologien müssen alte ersetzen, wenn der momentane Standard mit den Anforderungen der Zeit nicht mehr Schritt halten kann. Aus welchen Gründen auch immer, Netzwerke haben die Eigenart sehr schnell zu wachsen. All dies kann erhebliche Kosten verursachen, wenn nicht schon beim ersten Entwurf eines Netzwerkes diese Möglichkeiten in Betracht gezogen werden. Nachfolgende Lösung ist nur als Denkanstoß zu verstehen, da in jedem Unternehmen andere Anforderungen an ein Netzwerk bestehen können (physikalisch sowie technisch).

Cisco-System hat für skalierbare Netzwerke hervorragende Lösungen entwickelt. Im Vordergrund stehen dabei mehrere einzelne Elemente eines Netzwerks, die mit

- Gebäudebaustein
- Kernbaustein und
- Serverbaustein

bezeichnet werden und die relativ einfach erweitert werden können. Dabei werden sowohl Datenverkehr als auch Datenpfadredundanz gleichermaßen berücksichtigt.

Cisco geht von einem sog. Campus-LAN aus, was bedeutet, mehrere Gebäude in einer Firma sind zu einem Netzwerk zusammengeschlossen. Es gibt lokalen Datenverkehr, nämlich der, der in einem kleinen Teilbereich des Netzwerkes bleibt und nicht über das Backbone geht, und Cross-Campus-Verkehr, welcher sich über das ganze Netzwerk ausbreitet.

Im einem Gebäude-Baustein ist lediglich mit dem Datenverkehr zu rechnen, den die angeschlossenen WS's in diesem Baustein verursachen. Ein Gebäude-Baustein sollte nicht mehr als 1500 Knoten (Computer, Drucker, verteilte Server) enthalten. Hier genügen auch Schicht-2-Switches. Die Router sind von Natur aus Schicht-3-Geräte und begrenzen den Gebäude-Baustein als eine Broadcast-Domäne. Broadcasts breiten sich also nicht über das ganze Netzwerk aus.

Im Kernbaustein tritt der Hauptverkehr auf, da alle WS's aus allen Gebäude-Bausteinen über den Kern-Baustein auf die zentralisierten Server, auf das Internet und/oder auf ein entferntes Unternehmensnetz (über WAN-Leitungen) zugreifen. Hier sollte dann auch mit Fast-Ethernet oder Gigabit-Ethernet und ATM-Switches gearbeitet werden.

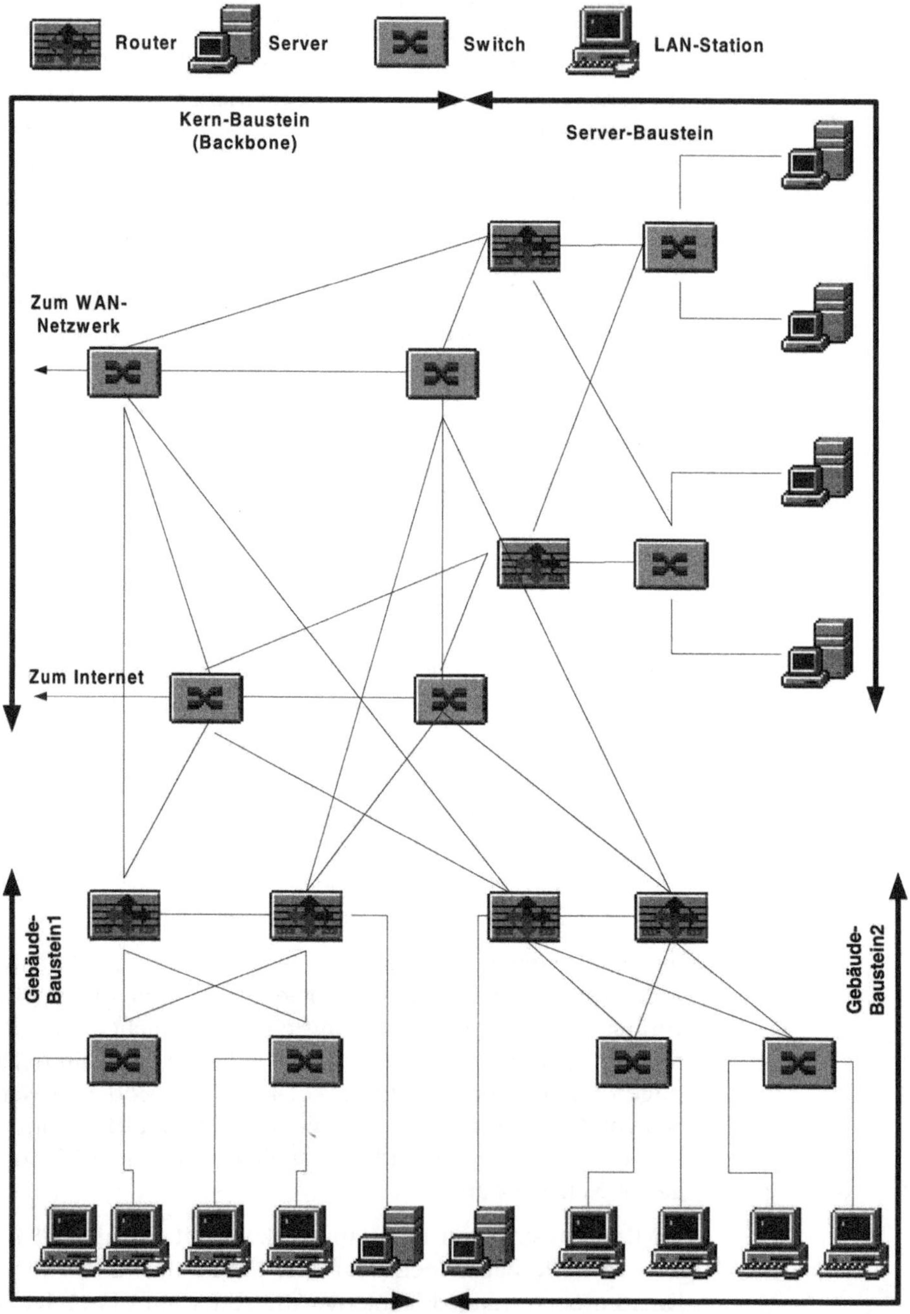

Abb. 21 Redundantes Netzwerk mit skalierbarem Gebäude-, Kern- und Server-Baustein

Für den Server-Baustein ist es wichtig, dass dieser nur zwei Hop's (Sprünge über Router) vom Gebäude-Baustein entfernt liegt. Die hier eingesetzten Router schützen die Server vor Broadcaststürmen und vor Netzausfällen.

Datenverkehr und dessen Optimierung:

Da es den Rahmen dieses Buches sprengen würde, kann hier natürlich nicht auf jedes erdenkliche Netzwerk unter den vielen Netzwerk-Betriebssystemen eingegangen werden. Im Folgenden soll aber zumindest der Datenverkehr in einem Win-NT-Netzwerk unter TCP/IP besprochen werden, da Win NT4 große Marktanteile im Netzwerk-Bereich inne hat und diese Anteile ständig steigen.

Durch die einzelnen Netzwerkdienste von Win NT wird ein unterschiedlicher Datenverkehr erzeugt, der die Bereiche

1. Clientinitialisierung
2. Client zu Server
3. Server zu Server

beinhaltet.

Zu 1. Clientinitialisierung

Bei der Clientinitialisierung wird

1. DCHP-Verkehr
2. WINS-Verkehr
3. Verkehr der Dateisitzung
4. Verkehr der Anmeldebestätigung

erzeugt.

a) DHCP

(Eine genaue Beschreibung der Funktion von DHCP ist im Abschnitt „Windows NT4“ enthalten).

Der von DHCP erzeugte Datenverkehr beinhaltet die Anforderung, die Erneuerung, die Freigabe von IP-Adressen. Durch DHCP wird ein Netzwerk wenig belastet, wenn die Lease-Dauer nicht gerade einen sehr geringen Wert enthält oder die Anforderung einer Lease über einen Router ablaufen muss.

Datenverkehr: DHCP-Verkehr durch das Anfordern einer Lease (4 Rahmen, 1,3 kByte, einmal pro Client)
Suche nach einem DHCP-Server
Antwort des DHCP-Servers mit der IP-Adresse für den Client
Antwort des Client, dass er die IP akzeptiert
Bestätigung des Servers mit der Lease-Dauer

DHCP-Verkehr durch das Erneuern einer Lease (2 Rahmen, 684 Byte, bei jedem Start des Clients)
Antwort des Client, dass er die IP akzeptiert
Bestätigung des Servers mit der Lease-Dauer

Wird die Erneuerung nicht durchgeführt, versucht es der Client wieder mit der 4-Rahmen-Abfrage.

Verringern des Datenverkehrs:

Der Datenverkehr durch DHCP kann über das Einstellen einer längeren Lease-Dauer im DHCP-Manager verringert werden. Sind Clients im Netz, die aus einem Subnetz DHCP-Adressen anfordern, kann durch die Konfiguration eines DHCP-Relay-Agenten in diesem Subnetz ebenfalls der Datenverkehr durch DHCP verringert werden. Clients müssen dann nicht ihre DHCP-Anfragen über das gesamte Netz schicken, sondern nur den Relay-Agenten befragen. Dieser tauscht mit dem DHCP-Server sehr viel weniger Rahmen aus, als alle Clients dies tun würden.

b) WINS

Eine genaue Beschreibung der Funktion von WINS ist im Abschnitt „Windows NT4" enthalten).

Über WINS wird die Registrierung des NetBIOS-Namen des Client mit seiner IP-Adresse bei einem WINS-Server vorgenommen. WINS belastet das Netzwerk ebenfalls nicht besonders.

Datenverkehr:			
Registrierung	2 Rahmen	214 Byte	pro Dienst/Anwendung beim Start
Erneuerung	2 Rahmen	214 Byte	pro Dienst/Anwendung ½ Ende TTL
Auswertung	2 Rahmen	196 Byte	unterschiedlich
Freigabe	2 Rahmen	214 Byte	bei Beendigung eines Dienstes

Alle Dienste und Anwendungen, die NetBIOS verwenden, registrieren NetBIOS-Namen.

Registrierte Namen eines Clients:	
Computername <00>	Arbeitsstationsdienst
Computername <03>	Nachrichtendienst
Computername	Serverdienst des Client
Arbeitgruppe oder Domänname <00>	NetBIOS-Gruppenname zur Registrierung des Computers als Domänenmitglied
Arbeitgruppe oder Domänname <1E>	NetBIOS-Gruppenname zur Auswahl von Suchdiensten
Domänname <1B>	Hauptsuchdienst für die Domäne
Domänname <1C>	Domänen-Controller der Domäne
Arbeitgruppe oder Domänname <1E>	Hauptsuchdienst des Subnetzes

Verringern des Datenverkehrs:

Der Datenverkehr von WINS kann darüber verringert werden, dass ein Computer, der keine Ressourcen im Netz zur Verfügung stellt, seinen Serverdienst deaktiviert. Des Weiteren können die TTL-Werte im WINS-Manager erhöht werden.

c) Dateisitzung

Datenverkehr, der eine Dateisitzung beinhaltet, ist ebenfalls nicht sehr hoch.

Datenverkehr:			
Adressauswertung	2 Rahmen	120 Byte	für jede Verbindung
TCP-Sitzung	3 Rahmen	180 Byte	bei jeder ersten Verbindung zum Server
NetBIOS-Sitzung einrichten	2 Rahmen	186 Byte	bei jeder ersten Verbindung zum Server
SMB-Protokollaushandlung	2 Rahmen	365 Byte	bei jeder ersten Verbindung zum Server
Verbindungssequenz	2 Rahmen	360 Byte	jeder Verbindungsversuch
Beenden der Sitzung	5 Rahmen	360 Byte	Trennen vom Server

Verringern des Datenverkehrs:

Der Datenverkehr, der aufgrund einer Dateisitzung zustande kommt, kann durch das Entfernen von nicht benötigten Protokollen verringert werden, da Verbindungsanforderungen über alle vorhandenen Protokolle geleitet werden (für jedes Protokoll extra). Auch kann die physische Distanz zwischen Server und Client verringert werden.

e) Anmeldebestätigung

Die Anmeldung wird durch das Eingeben des Benutzernamens und des Kennworts bei der Netzwerkanmeldung durchgeführt. Diese Angaben werden nach Ermittlung des Anmeldeservers bestätigt. Die Systemzeit wird vom Server überprüft, Anmeldescripte werden ausgeführt, Systemrichtlinien und servergespeicherte Profile werden geladen (min. 24 Rahmen, 3100 Byte).

Ein Domänen-Controller zur Anmeldung wird entweder über Broadcasts vom Client ermittelt (viel Datenverkehr) oder, wenn

Datenverkehr:			
Einrichten der Sitzung	15 Rahmen	2000 Byte	pro Anmeldung
Bestätigung (Win95/98)	4 Rahmen	760 Byte	pro Anmeldung
Bestätigung (Win NT)	20 Rahmen	2700 Byte	pro Anmeldung
Beenden der Sitzung	5 Rahmen	360 Byte	pro Anmeldung

WINS im Netz ist, über H-Knoten (siehe Kapitel DHCP, in „Windows NT“) (wenig Datenverkehr). Der NetBIOS-Name des Anmeldeservers wird ausgewertet (Broadcasts oder WINS), TCP-Sitzung wird eingerichtet (3-facher Handshake), NetBIOS-Sitzung wird eingerichtet, SMB-Protokollaushandlung wird durchgeführt, SMB-Verbindung zu \\Servername\IPC$ wird eingerichtet.

Für Win-NT-Computer wird jetzt weiter auf die Liste der vertrauten Domänen zugegriffen, ein sicherer Kanal eingerichtet. Nun werden Anmeldeskripte, Systemrichtlinien, etc. ausgeführt.

Verringern des Datenverkehrs:

Der Datenverkehr durch den Anmeldevorgang kann durch optimal verfügbare Domänen-Controller verringert werden (2000 Clients, ein DC). Weiter kann der Serverdienst des DC's für „Durchsatz für Netzwerkfreigabe“ optimiert werden. Damit erhöht sich die Anzahl der gleichzeitig anzumeldenden Clients. Der Server sollte dann aber nicht mehr als File-Server arbeiten, sondern reiner Anmelde-Server sein (Master-DC) (siehe Abschnitt „Windows NT“). Weiter sollte der Anmelde-Server physisch so nah wie möglich bei seinen Clients stehen. Schnelle, sichere Hardware das Servers kann hier weitere Abhilfe schaffen.

Zu 2. Client zu Server

80 % des Datenverkehrs wird zwischen Client und Server ausgeführt.

Beim Client zu Server Verkehr wird

1. Verkehr des Suchdienstes
2. DNS-Verkehr
3. Internet/Intranet-Verkehr

erzeugt.

a) Suchdienst

Über den Suchdienst werden Ressourcen im Netzwerk für den Benutzer sichtbar gemacht. Um der Suchliste Server hinzufügen zu können, werden Ankündigungen an den Hauptsuchdienst gesendet. Eine Liste der Server und Domänen wird vom Hauptsuchdienst für den Sicherungssuchdienst freigegeben. Der Hauptsuchdienst sendet eine Liste der Sicherungssuchdienstcomputer an den Client. Die Serverliste wird vom Client beim Sicherungssuchdienst abgefragt.

Datenverkehr:			
Hostankündigung	1 Rahmen	243 Byte	pro Server alle 12 Minuten
Sicherungssuchdienst lokalisieren	2 Rahmen	450 Byte	pro Computer bei der Suche
Auswahl	viele	225 Byte	wenn Computer des Hauptsuchdienstes gestartet wurden
Abrufen der Suchliste	20 Rahmen		jede Suche durch den Client und alle 12 Minuten durch den Sicherungssuchdienst
Abrufen der Freigabeliste (Win95/98)	16 Rahmen	1900 Byte	jede vom Client durchgeführte Suche in einer Liste
(Win NT)	19 Rahmen	3300 Byte	wie oben

Werden Ressourcen im Netzwerk zur Verfügung gestellt, senden die Computer, auf denen die Ressourcen enthalten sind, alle 12 Minuten eine Ankündigung. Diese Computer werden dann der Suchliste hinzugefügt. Damit Clients auf diese Ressourcen zugreifen können, fragen diese zuerst den Hauptsuchdienst und dann den Sicherungssuchdienst nach der Liste der verfügbaren Ressourcen ab. Router können meistens keine Suchdienstbroadcasts in Subnetze weiterleiten. Nur durch den Einsatz von WINS wird unternehmensweit nach Ressourcen gesucht.

Verringern des Datenverkehrs:

Der Datenverkehr kann dadurch verringert werden, dass bei NT-Computern, die keine Ressourcen im Netz zur Verfügung stellen, der Server-Dienst deaktiviert wird. Dadurch werden keine Ankündigungen mehr gesendet. Bei Win-95/98-Computer kann die Datei- und Druckerfreigabe deaktiviert werden, um das gleiche Ziel zu erreichen. Bei Win-3.x-Computer kann der Eintrag „MaintainServerList" in der System.ini auf NO gesetzt werden. Nicht benötigte Protokolle sollten deaktiviert oder entfernt werden, da die Suchdienste für jedes Protokoll extra angelegt werden.

b) DNS

DNS-Server lösen Internet-Namen zu IP-Adressen auf. Dazu befragen Clients einen DNS-Server nach der IP-Adresse eines Computers. Der Datenverkehr, der von DNS verursacht wird, ist von der Anzahl der Clientanforderungen abhängig. Bei DNS-Abfragen wird vom Server nur die IP-Adresse des Computers zurückgeliefert. Bei rekursiven DNS-Abfragen befragen DNS-Server andere DNS-Server, wenn sie die Namen nicht selber auflösen können.

Datenverkehr:			
Namensabfrage	2 Rahmen	180 Byte	jede Namensauswertung
Replikation von Zonen	4 Rahmen	200 Byte	beim Hinzufügen eines sek. DNS-Servers zur Zone und alle 60 Minuten
Integration von WINS	4 Rahmen	240 Byte	jede nicht lokale Namensabfrage

Verringern des Datenverkehrs:

Der Datenverkehr durch DNS kann dadurch verringert werden, in dem die rekursiven Abfragen unterbunden werden. Nachteil: Auf dem ersten DNS-Server müssen alle Hosts bekannt sein. Weiter sollte jedem Client ein spezieller DNS-Server zugewiesen werden, so dass nur dieser die Abfragen beantwortet. Des Weiteren kann der TTL-Wert von Einträgen im Cache erhöht werden (im DNS-Manager).

c) Internet/Intranet

Wird eine WEB-Site aufgerufen, wird vorher eine Namensauflösung des WEB-Servers via DNS durchgeführt. Die WEB-Site selber sowie darauf enthaltene Grafiken müssen übertragen werden. Alle diese Inhalte sind einzelne Dateien, so dass für jede Dateiübertragung eine neue TCP-Sitzung eröffnet werden muss. Der WEB-Server wiederum, muss die angeforderte Seite bestätigen, wenn er diese verfügbar hat.

Datenverkehr:			
Verbindung zu einer WEB-Site	2 Rahmen	180 Byte	jede Verbindung zum Server
Anfordern der WEB-Site	2 Rahmen	360 Byte	öfters pro Site
Sicherheit	verschieden	verschieden	öfters pro Site

Sind anonyme Zugriffe auf den WEB-Server erlaubt, werden keine weiteren Daten übertragen. Werden Sicherheitsinformationen durch Benutzername und Kennwörter verlangt, wird der Datenverkehr entsprechend erhöht.

Verringern des Datenverkehrs:

Der Datenverkehr kann für das Internet/Intranet nur durch das Verringern der Inhalte von WEB-Sites, durch das Verkleinern von Grafiken auf WEB-Sites, durch anonyme Zugriffsmethoden und durch das Erweitern des Caches für WEB-Seiten auf dem lokalen Computer verringert werden. Im Internet muss natürlich der Anbieter von WEB-Seiten diese Schritte ausführen.

Zu 3. Server zu Server

Netzwerkverwaltungsaufgaben erfordern Server-zu-Server-Verkehr.

Dieser beinhaltet

1. Kontensynchronisation von PDC zu BDC
2. Vertrauensstellungen zwischen Domänen
3. Serversuchdienst
4. WINS-Replikation
5. Verzeichnisreplikation
6. DNS-Server

a) Kontensynchronisation

Veränderungen an der Benutzerkontendatenbank (SAM) dürfen nur auf dem PDC durchgeführt werden. Da aber PDC wie BDC Benutzer im Netzwerk authentifiziert, müssen Veränderungen an der SAM regelmäßig auf den BDC repliziert werden.

Datenverkehr:			
Ermitteln des PDC	4 Rahmen	745 Byte	bei jedem BDC-Start
Sitzung einrichten	11 Rahmen	1280 Byte	jede Synchronisation
Sicherheitskanal einrichten	8 Rahmen	1550 Byte	bei jedem BDC-Start
Datenbank-überprüfung	6 Rahmen	1350 Byte	bei jedem BDC-Start
PDC-Aktualisierungsnachricht	1 Rahmen	400 Byte	jede Synchronisation
Datenbank-Synchronisation	7 Rahmen	2000 Byte	jede Synchronisation

Die SAM wird immer nur teil-synchronisiert (nur aktualisierte Einträge). Vollständig wird die SAM nur aktualisiert, wenn

- ein neuer BCD installiert wird,
- Fehler bei der Teil-Sychronisation auftreten,
- auf dem BDC der Befehl NET ACCOUNT/SYNC ausgeführt wird.

Der Datenverkehr für die Synchronisation enthält aber noch

- Namensauswertung
- Adressauswertung
- TCP-Sitzung einrichten
- NetBIOS-Sitzung einrichten
- SMB-Protokollaushandlung
- Verbindung zu IPC$
- Sicherheitskanal zwischen PDC und BDC einrichten
- Überprüfung der Datenbank

Verringern des Datenverkehrs:

Eine Verringerung des Datenverkehrs kann nur über die Registry vorgenommen werden. Im Teilschlüssel HKEY_LOCAL_MACHINE\SYSTEM\CurrentControlSet\Services\Netlogon\Parameters sollte der Parameter ReplicationGovernor verändert werden. Hier wird der prozentuale Anteil an der Bandbreite angegeben, der benutzt werden darf, um die SAM zu aktualisieren. Standardmäßig steht dieser Wert auf 100 % und sollte auf 50 % gesetzt werden.

b) Vertrauensstellungen

Vertrauensstellungen werden zwischen verschiedenen Domänen eingerichtet, z. B. zwischen einer Kontendomäne und einer Ressourcendomäne. Dabei verursacht das Einrichten der Vertrauensstellung viel Datenverkehr, aber auch wenn vertraute Konten verwendet werden, um einem Benutzer Zugriff auf eine lokale Ressource zu ermöglichen, oder wenn einer lokalen Gruppe ein vertrautes Konto hinzugefügt wird.

Des Weiteren betrifft dieser Datenverkehr den Zugriff von Benutzern auf Ressourcen von vertrauenden Domänen.

Datenverkehr:			
Einrichten der Vertrauensstellung	110 Rahmen	16000 Byte	einmalig
Importieren von Konten	110 Rahmen	16000 Byte	bei jedem Importversuch
Durchgängige Echtheitsbestätigung	20 Rahmen	3200 Byte	jeder Zugriff eines Servers auf die Vertrauende Domäne

Verringern des Datenverkehrs:

Der Datenverkehr kann dadurch verringert werden, dass nicht benötigte Vertrauensstellungen aufgehoben werden.

c) Serversuchdienst

Alle Computer, die den Serverdienst installiert haben und Ressourcen im Netzwerk freigeben, teilen Ankündigungen in der eigenen Domäne an den Suchdienst mit. Computer, die als Suchdienst, Sicherungssuchdienst oder Hauptsuchdienst in der Domäne agieren, nehmen zudem an der Suchdienstauswahl teil, wenn kein Suchdienst im lokalen Subnet gefunden wurde. Des Weiteren betrifft den Datenverkehr des Suchdienstes auch die Kommunikation mit anderen Hauptsuchdiensten in anderen Domänen.

Datenverkehr:			
Hostankündigung	1 Rahmen	243 Byte	pro Server alle 12 Minuten
Ankündigung durch den lokalen Suchdienst	1 Rahmen	250 Byte	jede Ankündigungsanforderung und alle 12 Minuten
Ankündigung durch eine Arbeitsgruppe	1 Rahmen	250 Byte	pro Hauptsuchdienst bei jeder Ankündigung und alle 15 Minuten
Auswahl	20 Rahmen	5300 Byte	jeder Neustart eines DC's
Austausch der Suchliste	36 Rahmen	3900 Byte	jede Suche eines Clients und alle 12 Minuten durch den Sicherungssuchdienst

Ein PDC übernimmt innerhalb einer Domäne den Hauptsuchdienst, ein BDC den Sicherungssuchdienst. Wenn kein PDC vorhanden ist, übernimmt der BDC den Hauptsuchdienst. Alle 15 Minuten werden Ankündigungen von allen Hauptsuchdiensten aller Domänen und Subnets an alle Hauptsuchdienste gesendet. Domänenhauptsuchdienste müssen alle 12 Minuten eine Abfrage an WINS stellen, welche Domänen vorhanden sind. Alle Hauptsuchdienste müssen alle 12 Minuten eine Aktualisierung der Suchliste beim Domänenhauptsuchdienst anfordern. Alle Sicherungssuchdienste müssen alle 12 Minuten eine Aktualisierung der Suchliste beim lokalen Hauptsuchdienst anfordern.

Verringern des Datenverkehrs:

Da diese Suchvorgänge für jedes installierte Protokoll durchgeführt wird, sollten nicht benötigte Protokolle deinstalliert werden. Auch sollten alle Computer, die keine Ressourcen im Netzwerk freigeben, keinen Serverdienst installiert haben.

d) WINS-Replikation

Von einem WINS-Server können ca. 10000 Clients verwaltet werden. Da ein einzelner WINS-Server aber keine Fehlertoleranz bietet, ist es sinnvoll, min. 2 WINS-Server in einem Netzwerk einzusetzen, die ihre Datenbank regelmäßig abgleichen. Auf diese Weise wird eine WINS-Abfrage von einem Client auch schneller beantwortet. Nachteil: Replikationsverkehr zwischen WINS-Servern, der in seiner Größe vom Umfang der Datenbank sowie der Häufigkeit der Replikation abhängig ist.

Datenverkehr:			
Festlegen eines Replikationspartners	20 Rahmen	2300 Bytes	pro Replikationspartner
Datenbanküberprüfung	12 Rahmen	900 Bytes	pro Aktualisierungsanforderung für jeden Replikationspartner
Datenbankaktualisierung	14 Rahmen	1200 Bytes	pro Aktualisierungsanforderung für jeden Replikationspartner

Bei der Replikation zwischen WINS-Servern werden die Replikationspartner festgelegt, die Datenbankversionsnummer überprüft sowie die Einträge der Datenbank repliziert.

Verringern des Datenverkehrs:

Push-Partner teilen ihren Pull-Partnern mit, wenn sich eine bestimmte Anzahl von Änderungen an der Datenbank ergeben haben. Pull-Partner fordern eine Aktualisierung der Datenbank durch ihre Pull-Partner an, die in einem konfigurierbaren Intervall abläuft. WINS-Server können auch beide Funktionen gleichzeitig inne haben.

Die Anzahl der Änderungen, bei denen eine Replikation zu den Push-Partnern einsetzt, kann im WINS-Manager erhöht werden. Ebenfalls kann der Zeitintervall, bei dem eine Anforderung eines Pull-Partners erfolgt, erhöht werden.

e) Verzeichnisreplikation

Eine Verzeichnisstruktur oder Dateien unter NT können zwischen verschiedenen Computern repliziert werden. Z.B. sollten die Logon-Scripten von Benutzern vom PDC auf alle BDC's repliziert werden, da nicht sicher gestellt ist, welcher Computer die Anmeldung eines Benutzers vornimmt.

Datenverkehr:			
Ankündigung	1 Rahmen	340 Byte	pro Importdomäne oder -server, bei jeder Aktualisierung der Struktur
Einrichten einer Sitzung	11 Rahmen	1280 Byte	pro Importcomputer, bei jeder Aktualisierung
Verzeichnisüberprüfung	30 Rahmen	5100 Byte	pro Importcomputer, bei jeder Aktualisierung
Verzeichnisaktualisierung	verschieden		pro Importcomputer, bei jeder Aktualisierung

Verringern des Datenverkehrs:

Der Datenverkehr kann z. B. durch eine Verzeichnisstruktur verringert werden, die nicht sehr umfangreich gehalten wird. Auch über die Registry unterHKEY_LOCAL_MACHINE\SYSTEM\CurrentControlSet\Services\Replicator\Parameters können Veränderungen vorgenommen werden.

Intervall: Hier kann eingestellt werden, wie oft der Export-Server die Verzeichnisstruktur auf Veränderungen überprüft.

Pulse: Hier kann die Zeitspanne erhöht werden, wann ein Importcomputer einen Exportcomputer nach einer Aktualisierung fragt.

f) DNS

Namensauswertungen in größeren Unternehmen bedingen meistens einen primären und einen sekundären DNS-Server. Da beide miteinander kommunizieren müssen und auch eine Replikation der Datenbank zwischen der primären und der sekundären Zone erfolgen muss, entsteht hierbei viel Datenverkehr.

Datenverkehr:			
Namensabfrage	2 Rahmen	180 Byte	jede Clientanforderung
Zonen-replikation	3 Rahmen	180 Byte	periodisch alle 60 Min.
Replikations-anforderung	2 Rahmen	403 Byte	jede Clientanforderung
Beenden der Sitzung	2 Rahmen	240 Byte	jede Clientanforderung

Verringern des Datenverkehrs:

Der Datenverkehr kann dadurch verringert werden, indem im DNS-Manager das Aktualisierungsintervall für die Zonenreplikation verlängert wird.

Server-Cluster:

Server-Cluster sind in heutigen Netzwerken unausweichlich, um das Netzwerk gegen Ausfälle zu sichern. Mit den Servern steht und fällt weitestgehend das Netz. Ausfälle können Firmen beträchtliche Summen kosten, wenn dadurch der normale Arbeitsablauf beeinträchtigt ist, in Krankenhäusern können Leben von der konstanten Verfügbarkeit der Server abhängig sein.

Unter einem Server-Cluster wird der Zusammenschluss mehrerer Server zu einem System verstanden, das nach außen hin wie *ein* Server erscheint. Fällt eines der Cluster-Mitglieder (Node) aus, übernehmen die anderen seine Aufgaben. Cluster haben gegenüber herkömmlichen Sicherungsmethoden, wie z. B. Plattenspiegelung, RAID-Systemen, etc., eine sehr viel größere Ausfallsicherheit. Einzelne Server erreichen statistisch eine Ausfallsicherheit von 99 % (3,7 Tage pro Jahr Ausfall), WS's eine von 95 % (18 Tage Ausfall). Server-Cluster können eine Ausfallsicherheit von 99,99 % haben (50 Min pro Jahr Ausfall).

Serverspiegelungen sind die einfachste Form von Server-Clustern. Dabei bleibt der Backup-Server solange passiv, bis der primäre Server ausfällt. Realisiert werden können Serverspiegelungen über den dauernden Transfer von Daten zwischen beiden Servern, oder beide Server greifen auf ein gemeinsames externes RAID-System zu.

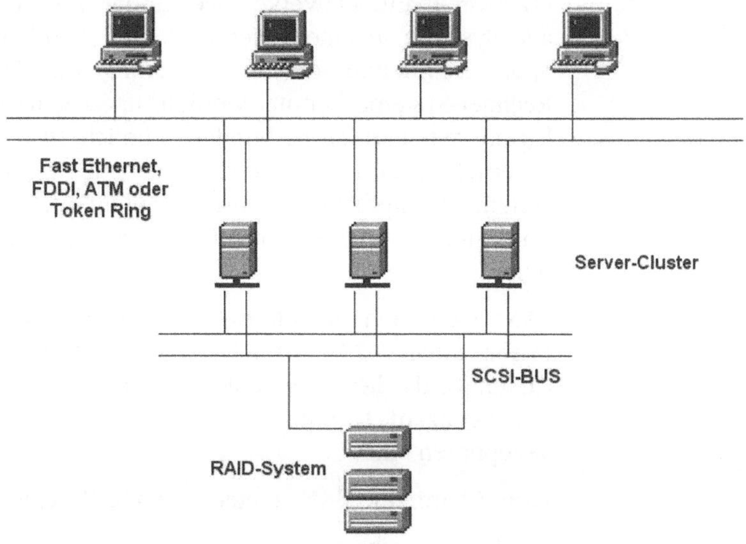

Abb. 22 Server-Cluster

Modernere Cluster bestehen aus mehreren Servern, die auf ein externes RAID-System zugreifen und über ein separates Netzwerk (Fast Ethernet, FDDI oder ATM) miteinander verbunden sind. Eine spezielle Software liefert die nötige Intelligenz des Clusterings. Fällt ein Server aus, übernimmt ein anderer aus dem Cluster die Arbeit. Ist der ausgefallene Server wieder betriebsbereit, kann dieser entweder wieder an seinen alten Platz zurückkehren (Netzwerk wird 2x unterbrochen, beim Ausfall und bei der Wiedereingliederung), oder der andere Server bleibt der Hauptserver, bis dieser ausfällt (Netzwerk wird nur einmal unterbrochen) und wieder ein anderer die Arbeit übernimmt (rotierende Cluster).

Cluster-Lösungen sind zwischenzeitlich für alle gängigen Server-Betriebssysteme zu haben (Win NT4/2000, Novell-Netware, U-nix).

SAN (Storeage Area Network):

Über LANs sind Zugriffe auf lokale Host-Systeme möglich, die über LAN-Protokolle wie TCP/IP, IPX oder HTTP verbunden sind. Sie werden benutzt, um z. B. Benutzerzugriffe von Workstations aus auf Server zu ermöglichen.

SANs sind besondere Speichersysteme, die Server und Speichersysteme (z. B. einen Pool aus Bandlaufwerken und die Server) über Breitbandnetzwerke miteinander verbinden. Dazu werden alle Systeme in einem Netzwerk und darüber hinaus auch die Speichereinheiten, die zur Sicherung von Daten oder ganzer Rechner-Systeme benutzt werden, unter ganz bestimmten Topologien miteinander verbunden, ähnlich, wie LANs z. B. unter Ethernet, Token Ring, etc. aufgebaut werden. Das Betriebssystem, das auf einem Server installiert ist, ist dabei erst einmal unwichtig, da alle Server auf das Speichersystem zugreifen können.

SANs werden heute überwiegend über Fibre Channel realisiert (siehe auch 1.2.10 BUS-Systeme, serielle BUS-Systeme, Fibre Channel), da die Einschränkungen, die z. B. SCSI mit sich bringt (Geräteanzahl, Distanzen, etc.) in modernen SANs nicht mehr zu akzeptieren sind.

Fibre Channel in SANs bietet folgende Vorteile:

- Datendurchsatz 400 MB/s
- Bandbreite 2.0625 Gbit
- Max. Geräte 16 Millionen
- Ser. Verbindung 8/10-bit-Encoding
- Kabel flexibel (Kupfer, Glasfaser)
- Protokoll Hardware basierend
- LANs werden durch SANs entlastet

Datentransferraten von 2–4 GBaud werden für Fibre Channel für die Zukunft realisiert werden können.

Einfache SAN-Verbindungen beinhalten nur eine Punkt-zu-Punkt-Verbindung, z. B. ein RAID-System mit einem Server. Komplexere SAN-Verbindungen können über eine Ring Topologie, die Switches oder HUB's beinhalten kann, aufgebaut werden (FC-AL genannt (Fibre Channel Arbitrated Loop)), die mehrere Server mit mehreren Speichersystemen verbinden kann. Kupferkabel über geringe Distanzen (30 m) oder Glasfaserkabel können hierbei zum Einsatz kommen.

In einem SAN muss auch eine spezielle Software laufen, die ein File-Sharing auf dem Speicher-Subsystem ermöglicht, so dass jedes System, unabhängig vom Betriebssystem, auf die Speichereinheit zugreifen kann. Diese Software ist sozusagen ein SAN-Betriebssystem, welches unabhängig von normalen Betriebssys-

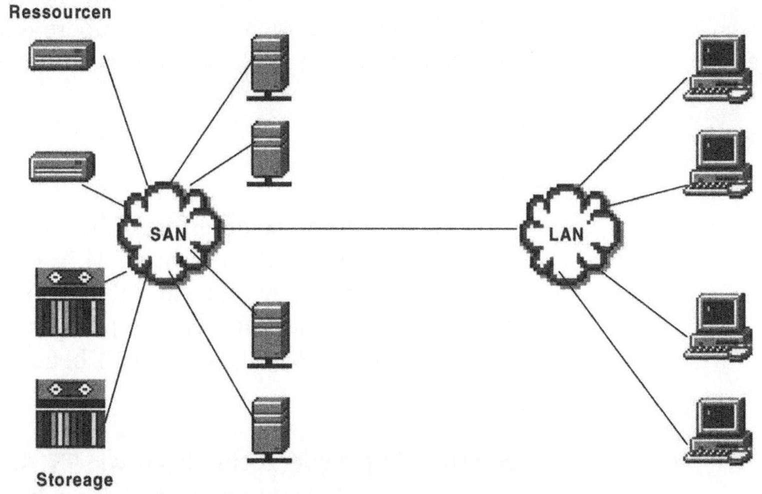

Abb. 23 SAN

temen ist und auf diese aufsetzt. Mittels diesem Betriebssystem können z. B. Speichereinheiten einem Server zugewiesen, Spiegelungen erstellt, Server-Clustering einbezogen werden oder im Fehlerfall Backup-Pfade zur Verfügbarkeit der Systeme aut. konfiguriert werden.

2.1.19 WAN-Technologien

Unternehmen sind immer häufiger nicht nur an einem Standort ansässig. Damit der Geschäftsablauf, der die EDV eines Unternehmens betrifft, trotzdem reibungslos funktioniert, müssen Verbindungen der einzelnen Standorte eines Unternehmens über öffentliche Telefonkabel hergestellt werden. Die Verbindung von Netzwerken über öffentliche Telefonkabel sind WAN-Verbindungen. Diese können natürlich auch über Richtfunk oder Satellit eingerichtet werden, was in vielen Firmen auch zum Einsatz kommt. Telefonverbindungen sind jedoch der weitaus gebräuchlichste Teil von WAN-Verbindungen.

WAN-Verbindungen können über das Anwählen einer solchen Verbindung bei Bedarf (Kosten fallen nur an, wenn die Verbindung aktiv ist), oder über sogenannte „Standleitungen" hergestellt werden. Standleitungen werden von Unternehmen bei einer Telefongesellschaft für den dauernden Einsatz gemietet.

Für WAN-Verbindungen gibt es eine Reihe von verschiedenen Technologien, die sich in ihrer Übertragungsgeschwindigkeit, und damit natürlich auch in den Kosten unterscheiden.

Standleitungen:

T1

T1 ist eine digitale Leitungsform, die eine Punkt-zu-Punkt-Verbindung darstellt. Über T1 können 24 Kanäle über 2 Adernpaare übertragen werden, wobei ein Adernpaar für das Senden und das andere Adernpaar für das Empfangen verwendet wird. Die Übertragungsgeschwindigkeit von T1 beträgt 1,544 Mbit/s.

T3

T3 bietet die gleiche Technologie wie T1, kann aber mit Übertragungsgeschwindigkeiten von 45 Mbit/s arbeiten.

DS-0

Da meistens die 24 Kanäle von T1/T3 nicht benötigt werden, können diese Kanäle auch aufgeteilt werden. Wenn einer dieser Kanäle dazu verwendet wird, 64 kBit/s zu übertragen, spricht man von einer DS-0-Verbindung.

DS-1, DS-1C, DS-2, DS-3

Dies sind weitere Aufteilungen von T1- oder T3-Kanälen.

DDS

DDS ist ebenfalls eine Punkt-zu-Punkt-Verbindung, die mit 2,4 , 4,8 oder 5,6 kBit/s arbeiten kann.

WAN-Protokolle:

Da es u. U. für viele Firmen zu teuer sein kann, zu jedem Standort eine Standleitung einzurichten, werden oftmals sog. Paketvermittlungsdienste eingesetzt, über die Datenpakete zwischen Standorten ausgetauscht werden können. Diese Dienste können über Mietleitungen bei einem Service-Provider bezogen werden. Die Kosten hierfür sind wesentlich geringer als über Standleitungen.

Paketvermittlungsdienste arbeiten oft mit virtuellen Verbindungen. Diese stellen einen ganz bestimmten Weg durch das Netz dar (Pakete suchen sich den Weg nicht selber). Dieser virtuelle Weg wird ganz gezielt für *eine* Übermittlung von Daten hergestellt, der bei der nächsten Übermittlung wieder ein ganz anderer sein kann.

X.25

X.25 ist in WAN-Umgebungen sehr verbreitet und kann dauerhafte oder geschaltete virtuelle Verbindungen benutzen. Diese untersteht einer Ende-zu-Ende-Flusskontrolle für jede virtuelle Verbindung, da X.25 bei seiner Entwicklung unzuverlässige Telefonleitungen vorfand. Die Übertragungsgeschwindigkeiten von X.25 liegen bei 64 kBit/s. X.25 eignet sich nicht für die Bereitstellung von LAN-Anwendungen in einer WAN-Umgebung und hat viele Einschränkungen.

Frame Relay

Frame Relay bezieht sich auf Glasfaser-Netze, unterstützt B-ISDN und arbeitet mit dauerhaften virtuellen Verbindungen. Die Übertragungsgeschwindigkeiten von Frame Relay liegen zwischen 56 kBit/s und 1,544 Mbit/s (T1). Frame Relay wird an Kunden mit einer gewissen Bandbreite (Übertragungsgeschwindigkeit) verkauft. Es arbeitet nur mit frame-relay-fähigen Netzwerkgeräten (z.B. Frame-Relay-Router).

ISDN

ISDN kann bei Verbindungen mit hohen Bandbreiten mehrere Kanäle verwenden und ist ein Wähldienst, keine dauerhafte Verbindung. Es überträgt digitale Signale über herkömmliche Telefonleitungen. Dabei kann Basis-ISDN die Kanäle in 2 B-Kanäle (je 64 kBit/s) und 1 D-Kanal (16 kBit/s) auf. Der D-Kanal übermittelt Verbindungs- und Signalisierungsinformationen. Die B-Kanäle übermitteln Daten. Beide B-Kanäle können gleichzeitig zum Übertragen von Daten verwendet werden, wodurch eine Übertragungsgeschwindigkeit von 128 kBit/s entsteht. Primary-Rate-ISDN kann mit 23 B-Kanälen von je 64 kBit/s und 1 D-Kanal mit 64 kBit/s arbeiten.

B-ISDN

Breitband-ISDN ist eine Neuerung von ISDN und ist überwiegend für die Übertragung von Sprach-, Video- und Audio-Daten gedacht. B-ISDN arbeitet eng mit ATM zusammen und hat übliche Übertragungsraten von 51 Mbit/s, 155 Mbit/s und 622 Mbit/s

DSL (Digital Subscriber Line, digitale Teilnehmeranschlussleitung):

- ADSL (Asymmetric Digital Subscriber Line)
- TDSL (Telekom Digital Subscriber Line, Vermarktung der Telekom AG ihrer ADSL-Anschlusstechnologien)
- DSL Light (langsameres ADSL für längere Strecken)
- HDSL (High Date Rate Digital Subscriber Line, über Telefonleitungen in beiden Richtungen bis zu 2 MBit/s. Ermöglicht die schnelle Kopplung von lokalen Netzwerken.)
- SDSL (Single Line Digital Subscriber Line, wie HDSL, auf einfacher Leitung.
- VDSL (Very High Date Rate Digital Subscriber Line, ermöglicht Übertragungsraten von mehr als 50 MBit/s über sehr kurze Verbindungen zwischen Netzknoten und Endgeräten oder über Glasfaser)

DSL-Techniken bilden auf der Basis von Kupferadern digitale Datenleitungen zwischen Vermittlung und Kundenanschluss. Dabei wird ein weitaus größeres Frequenzspektrum als bei analogen bzw. ISDN-Übertragungen genutzt. Die Übertragung erfolgt über herkömmliche Kupferleitungen.

Die Unterschiede zwischen den DSL-Techniken bestehen zum einen aus der Anzahl der verwendeten Kupferpaare, zum anderen aus den verwendeten Übertragungsfrequenzen bzw. den Modulationsverfahren. ADSL verwendet nur ein Kupferpaar und kann über herkömmliche Telefonleitungen betrieben werden. Da ADSL eine höhere Frequenz verwendet, kann Telefonie, wie bei ISDN, nebenher betrieben werden. Eine Frequenzweiche beim Kunden und in der Vermittlungsstelle trennen die jeweiligen Datenströme.

ADSL kann sehr hohe Übertragungsraten erzielen, wenn eine genaue Einmessung des Kabels erfolgt. Dies wird von Anbietern aus Kostengründen aber meistens vermieden, wodurch normalerweise eine sichere Übertragungsrate von 896 kBit/s beim Endkunden verwendet wird.

ADSL arbeitet nicht mit für Modems herkömmlichen Bitströmen, sondern mit Paketen. Diese Pakete können Daten einer übergeordneten Netzwerkschicht enthalten (ATM, Ethernet, IP, usw.), wobei die Frames gleich im ADSL-Modem verpackt werden. TDSL bietet gar eine Ethernet- bzw. ATM-Schnittstelle.

Asymmetric-DSL bedeutet, dass Hin- und Rückkanal jeweils unterschiedlich große Datenmengen transportieren. Beim Surfen im Internet wird beim Upstream (Hochladen von Adressen zum Provider) über den Rückkanal eine Geschwindigkeit bis zu 768 Kilobit erreicht. Beim Downstream (Runterladen von Daten aus dem Internet) bis zu 9 Megabit über den größeren Hinkanal.

Name	Max. Datenrate (Download)	Max. Entfernung zur Vermittlungsstelle
ADSL	1,5–9 Mbit/s	bis 5,5 km
DSL lite	1,5 Mbit/s	bis 5,5 km
HDSL	1,5–2 Mbit/s	bis 4 km
SDSL	768 Kbit/s	bis 3,5 km
VDSL	13–52 Mbit/s	bis 14 km
zum Vergleich: ISDN	128 Kbit/s	bis 5,5 km

2.1.20 Drucken im Netzwerk (Print-Server)

Jeder Benutzer in einem Büro benötigt meistens keinen eigenen Drucker an seinem PC. Deswegen kann in kleineren und mittleren Büroumgebungen mit einem PC-Netzwerk ohne weiteres auch ein vorhandener File- oder Anmelde-Server als Print-Server eingerichtet werden. Die Benutzer schicken ihre Druckaufträge an den Print-Server, an dem ein Drucker angeschlossen ist und von dem der Druckauftrag dann an den Drucker weiter gegeben wird.

Müssen sich in einer größeren Büroumgebung jeweils nur 2 Benutzer einen Drucker teilen, bietet sich die Lösung einer hardwaremäßigen Druckerweiche an, die einfach zwischen die PC's und dem (den) Drucker (Druckern) angeschlossen wird. Auch manuelle Umschalter (Switch-Boxen) können noch für 2–6 PC's zu einem Drucker oder 1 PC zu 2–6 Druckern verwendet werden (ist aber umständlich).

Alle diese Lösungen haben allerdings den Nachteil, dass jeder auf diesen Druckern drucken kann. Eine Verwaltung von Rechten, wer was darf, gibt es weitestgehend nicht.

Abb. 24 Druckerweiche

Eine weitere und durchaus bessere Möglichkeit stellt der Einsatz von anderen Print-Servern dar. Intel, HP oder D-Link z. B. bieten solche Print-Server an, mittels derer über das Netzwerk gedruckt werden kann und die sich in Umgebungen mit Netware, NT oder Unix problemlos einpassen. Diese Print-Server können für IPX oder TCP/IP eingerichtet werden oder gar mit beiden Protokollen gleichzeitig arbeiten. Auch als LPR-Server sind sie zu verwenden. Druckwarteschlangen können auf einem Netware- oder NT- oder Unix-Server abgelegt und verwaltet werden. Eine Begrenzung der Anzahl von Benutzern, die auf diese Print-Server zugreifen können, gibt es nicht, so dass sie sich problemlos an bestehende Situationen anpassen lassen. Parallele und serielle Drucker können daran verwendet werden.

Diese Art von Print-Servern gibt es als externes Gerät (kleiner, meist grauer Kasten) oder als internes Gerät (Steckkarte, die in einen Drucker eingebaut wird). Im Nachfolgenden soll hier ein externes Gerät beschrieben werden.

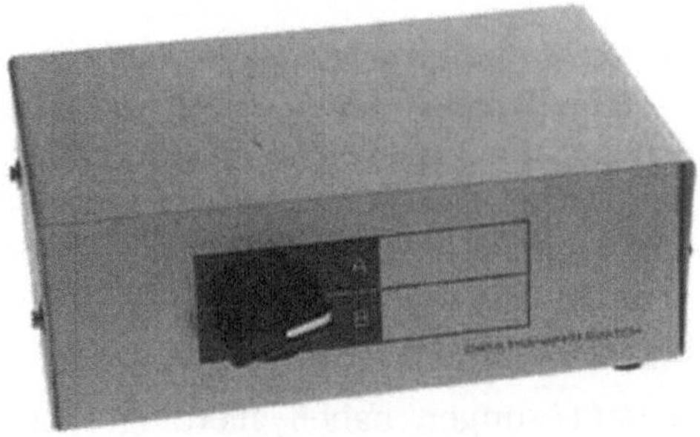

Abb. 25 Switch-Box

Abb. 26 Print-Server von Intel

Die Verwaltung solcher Print-Server kann von Administratoren über ein spezielles Verwaltungsprogramm vorgenommen werden, und es kann genau festgelegt werden, welche Benutzer/ Gruppen auf einem solchen Print-Server drucken können.

Der Einsatz solcher Print-Server im Netzwerk gestaltet sich relativ unproblematisch, da diese Geräte einfach an einen HUB (10/100 BASE T) oder ein T-Stück (10 BASE 2) angeschlossen werden können, wo sie gerade benötigt werden.

Da es viele Firmen gibt, die solche Print-Server anbieten, können hier natürlich nicht alle Varianten besprochen werden. Aber anhand des sehr weit verbreiteten Intel NetportExpress PRO soll hier näher auf Anschluss und Konfiguration solcher Print-Server eingegangen werden, die sich alle nicht wesentlich unterscheiden.

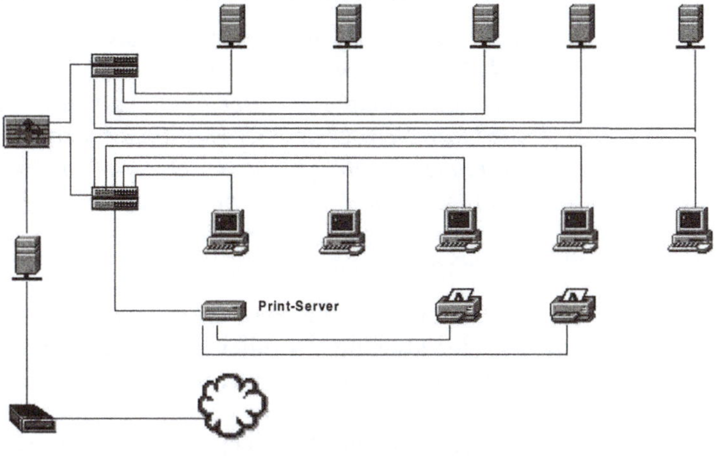

Abb. 27 Netzwerk mit Print-Server

Installation der Hardware:

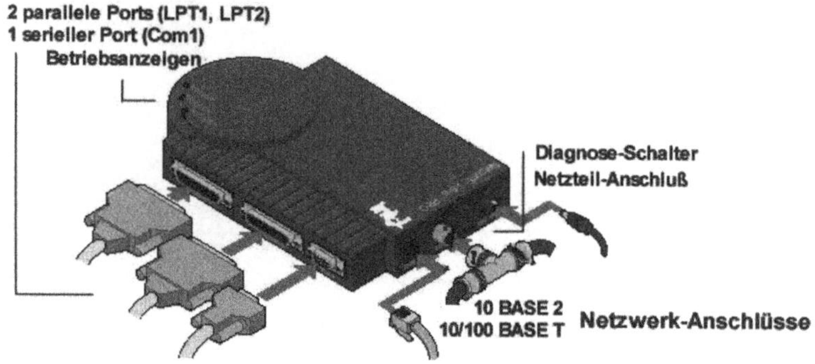

Abb. 28 Anschlüsse des Intel NetportExpress PRO

Ist der Print-Server hardwaremäßig installiert und sind alle Installationen richtig gemacht worden, muss die Betriebsanzeige grün aufleuchten. Leuchtet sie rot, stimmt etwas mit der Installation oder dem Netzwerk nicht (Troubleshooting in HLP-Datei lesen).

Installation der Software:

Nach der Hardwareinstallation muss der Print-Server nun softwaremäßig konfiguriert werden. Intel liefert dazu eine Management-Software, die auf einer Verwaltungsworkstation unter Windows (oder Unix) im Netzwerk installiert werden kann, wozu das Setup-Programm ausgeführt werden muss. Diese Management-Software kann bei Intel auch für das Inter-/Intranet herunter geladen werden, wodurch der Print-Server über das WEB/ Netzwerk im HTML-Format konfiguriert werden kann.

Achtung: Ist auf der Verwaltungsworkstation ein deutscher Novell-Client32 installiert, überschreibt der englische Netport-Manager Dateien mit der engl. Version. Beim Neustart der WS wird dann ein Codeseitenkonflikt angezeigt, der alle NDS-Services deaktiviert, woraufhin der Netport-Manager nicht zu starten ist. Es muss dann der deutsche Client32 nochmals installiert werden, der den vorigen Zustand wieder herstellt. Der Netport-Manager kann aber jetzt gestartet werden.

Noch sehr weit verbreitet ist der Netport-Manager in der Version 4.x, der aber nur in einer 16-Bit-Version verfügbar ist (Win 3.x und Win 95). Dieser kann durch die Version 5.x ersetzt werden, der eine 32-Bit-Version darstellt (Win9.x, NT) und mehr Möglichkeiten für die Konfiguration des Print-Servers bietet (vom Intel-Server downloaden, www.intel.de).

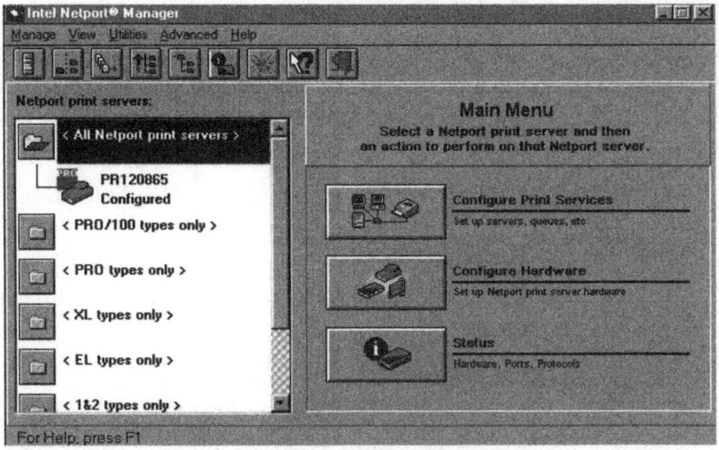

Abb. 29 Netport-Manager Ver. 4

Nach Aufruf des Netport-Managers in der Version 5 bietet sich einem folgendes Bild:

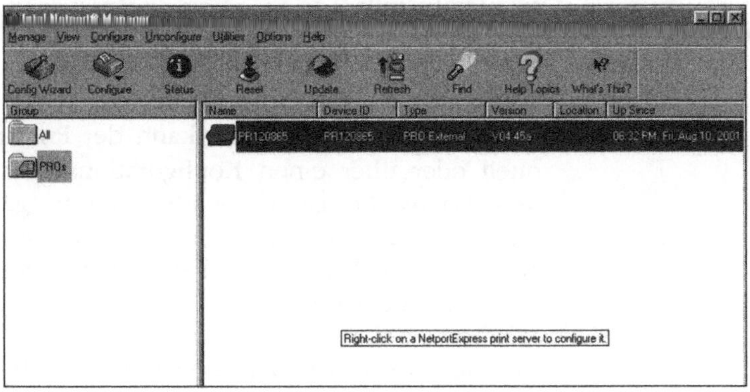

Abb. 30 Netport-Manager Ver.5

Hier ist jetzt nur ein Print-Server aufgeführt, der zur Erklärung ausreicht. In einem großen Netz, wo viele solcher Print-Server vorhanden sind, werden hier alle Print-Server aufgeführt, da der Netport-Manager das Netzwerk beim Start nach vorhandenen Geräten durchsucht. Aber nur nach den eigenen. Jede Firma hat entsprechend ihre Managament-Software, die nur nach den eigenen Geräten sucht. Sind also Geräte verschiedener Firmen im Netz, müssen diese jeweils unter Verwendung der firmeneigenen Software extra konfiguriert werden.

Update:

Die Print-Server sind mit einer internen Software ausgestattet, die meistens beim ersten Start des Netport-Managers „geupdatet" werden muss. Der Netport-Manager bietet das Update auch meisten an, so dass nur der Vorschlag zum Update übernommen werden sollte.

Konfiguration:

Der Print-Server kann für folgende Aufgaben konfiguriert werden:

- Novell NDS Print-Server
- Novell NDS Remote-Printer
- Novell Bindery Print-Server
- Novell Bindery Remote-Printer
- Microsoft Network Printing
- IBM LAN-Server
- TCP/IP and SMNP
- Apple Talk

Nachfolgend sollen hier nur die gängigsten Konfigurationen besprochen werden.

Über den Netport-Manager kann der Print-Server entweder manuell oder über einen Konfigurationswizzard konfiguriert werden. Da es für das Verständnis der Vorgänge sinnvoll ist, die manuelle Version zu beherrschen, soll diese hier zuerst besprochen werden. Am Schluss dieses Abschnittes wird dann noch auf den Wizard eingegangen.

Konfigurieren für Novell-NDS im NDS-Druckserver-Modus:

Das Konfigurieren von Netport Print-Server-Einstellungen bedarf keinerlei Einstellungen unter dem NWAdmin von Novell. Alle Einstellungen können über den Netport-Manager gemacht werden.

Im NDS-Druckserver-Modus ersetzt der NetportExpress Print-Server das NetWare-Druckserverprogramm. Dabei werden die Warteschlangen des Netware-Servers vom Print-Server abgefragt und direkt an den Drucker gesendet, was den Druckvorgang beschleunigt.

Konfiguriert wird dieser Modus über Rechte Maustaste über dem Print-Server | CONFIGURE PRINT SERVICES | NOVELL NDS PRINT-SERVER auswählen.

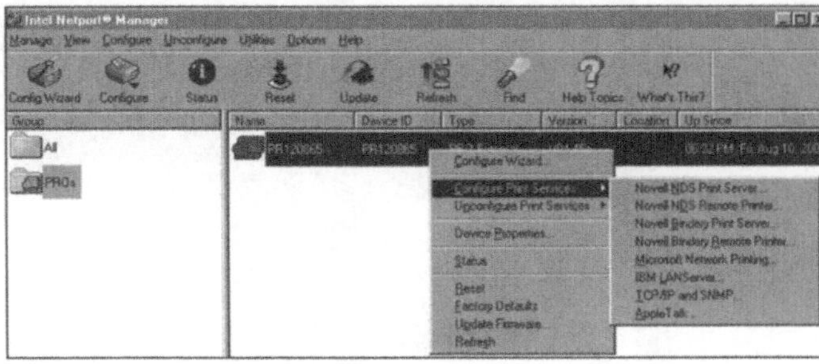

Abb. 31

Im daraufhin erscheinenden Dialogfeld muss auf der Registerkarte PRINT-SERVER der Kontext ausgewählt werden, in dem gearbeitet werden soll. Auch kann hier festgelegt werden, wie oft Warteschlangen nach Druckaufträgen gescannt werden. Des Weiteren kann ein Paßwort für den Zugriff auf den Print-Server festgelegt werden.

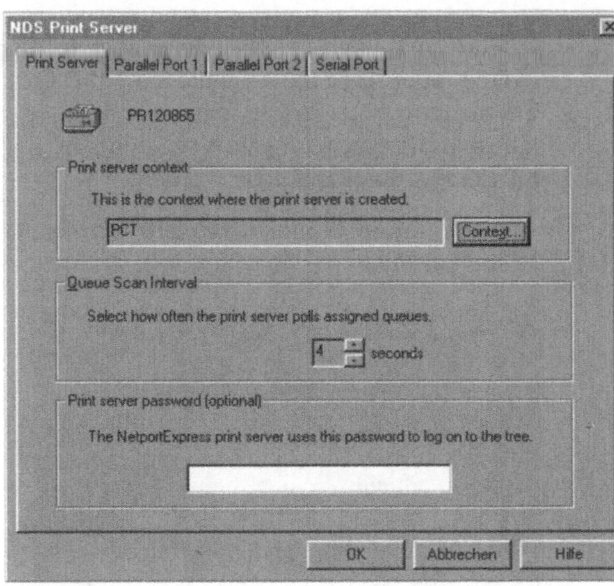

Abb. 32

Als nächstes muss nun festgelegt werden, über welche Warteschlangen welche Ports (angeschlossene Drucker) am Print-Server bedient werden sollen. Dazu ist auf der Registerkarte PARALLEL-PORT 1 (oder 2, oder SERIAL-PORT) eine vorhandene

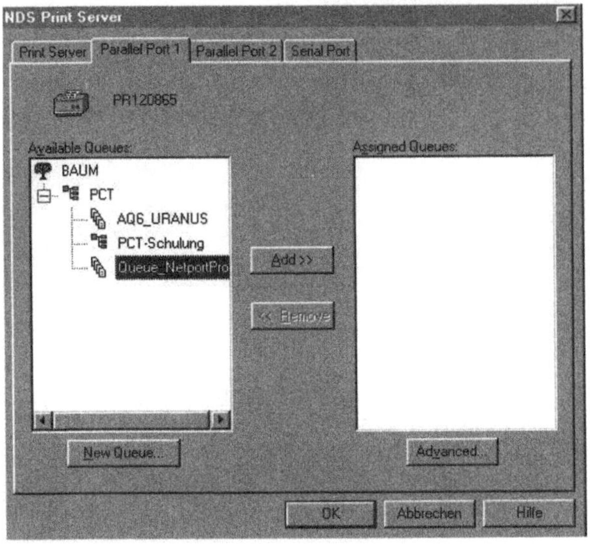

Abb. 33 Queue auswählen

Queue aus dem vorher festgelegten Kontext auszuwählen (ADD), oder über die Schaltfläche NEW QUEUE eine neue Warteschlange anzulegen. Es muss ein Volume ausgewählt werden, auf dem die Queue angelegt werden soll, und es muss ein Name für die Queue eingetragen werden.

Achtung: Diese Einstellungen müssen für jeden Print-Server gesondert gemacht werden.

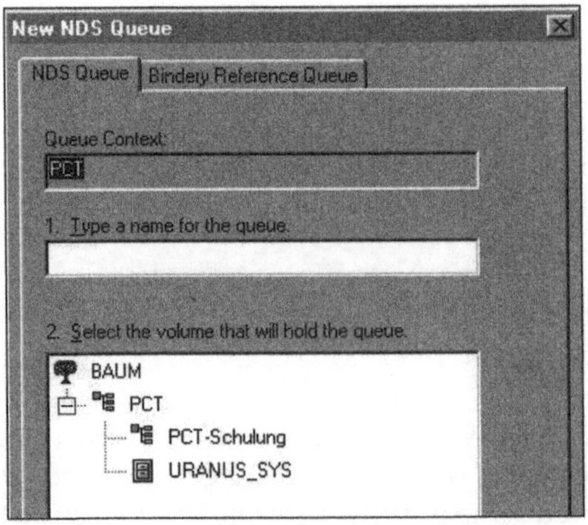

Abb. 34 Neue Queue anlegen

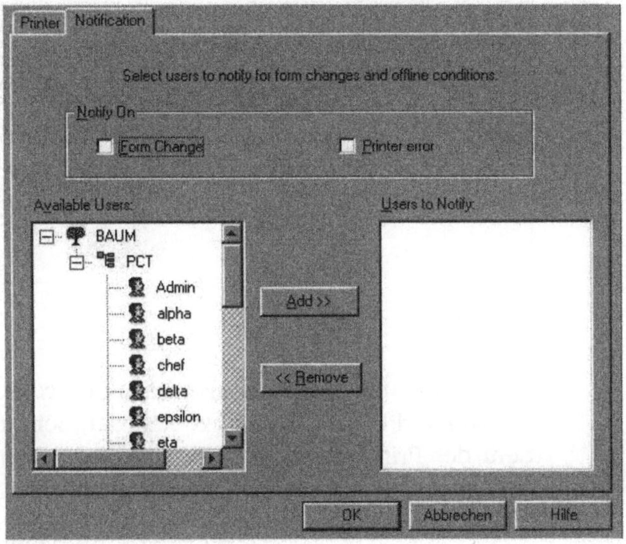

Abb. 35 Notification

Über die Schaltfläche ADVANCED können Benutzer festgelegt werden, die bei bestimmten Ereignissen benachrichtigt werden sollen.

Konfigurieren der Workstations für NDS (Win 9.x, NT):

Unter START | EINSTELLUNGEN | NEUER DRUCKER auswählen | NETZWERKDRUCKER auswählen | den entsprechenden NDS-Kontext auswählen | die Warteschlange auswählen | den Druckertreiber installieren lassen | den weiteren Anweisungen des Assistenten folgen.

Konfiguration für Novell Bindery Print-Server:

Das Konfigurieren von Netport Print-Server-Einstellungen bedarf keinerlei Einstellungen unter Novell. Alle Einstellungen können über den Netport-Manager gemacht werden.

Im Bindery-Druckserver-Modus ersetzt der NetportExpress Print-Server das NetWare-Druckserverprogramm. Dabei werden die Warteschlangen des Netware-Servers vom Print-Server abgefragt und direkt an den Drucker gesendet, was den Druckvorgang beschleunigt.

Konfiguriert wird dieser Modus über Rechte Maustaste über dem Print-Server | CONFIGURE PRINT SERVICES | NOVELL Bindery PRINT-SERVER auswählen.

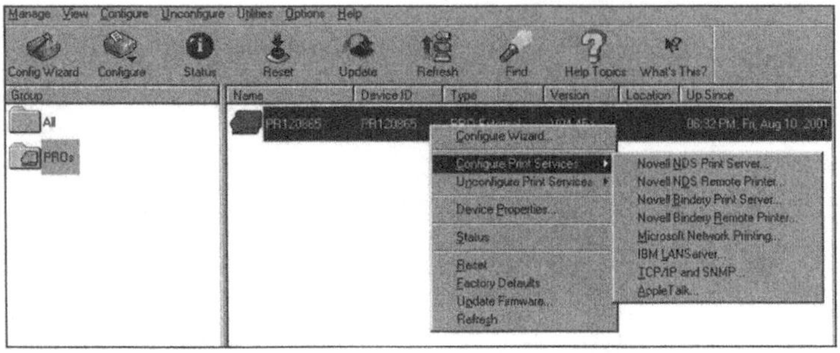

Abb. 36

In der daraufhin erscheinenden Dialogbox ist in der Registerkarte BINDERY PRINT-SERVER zuerst der Server auszuwählen, auf dem der Print-Server läuft. Des Weiteren kann auch hier eingestellt werden, wie oft die Warteschlange nach neuen Druckaufträgen gescannt werden soll. Auch ein Paßwort zum Konfigurieren des Print-Servers kann hier festgelegt werden.

Über die Registerkarte Parallel-Port 1 (2, oder Serial-Port) ist der Server und die Warteschlange auszuwählen (wenn schon vorhanden). Über die Schaltfläche NEW QUEUE kann eine neue Warteschlange eingerichtet werden, wobei der Server anzugeben ist, auf dem die Queue abgelegt werden soll, und deren Namen.

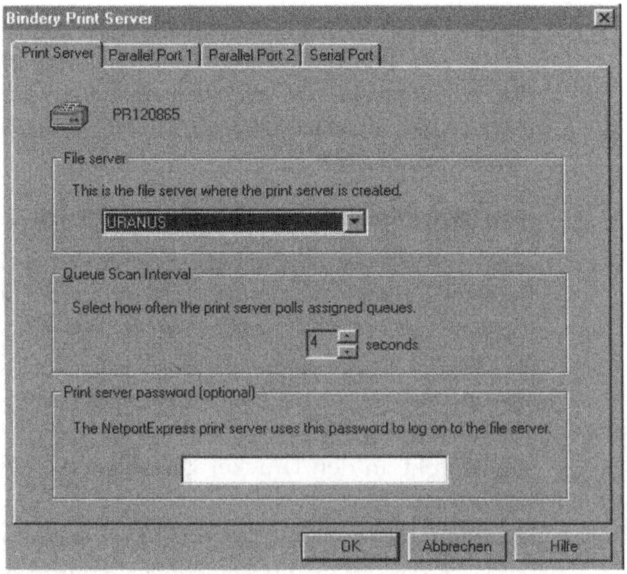

Abb. 37

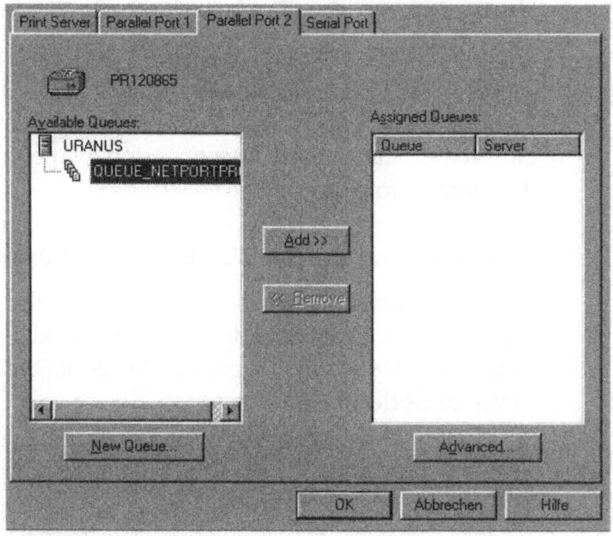

Abb. 38

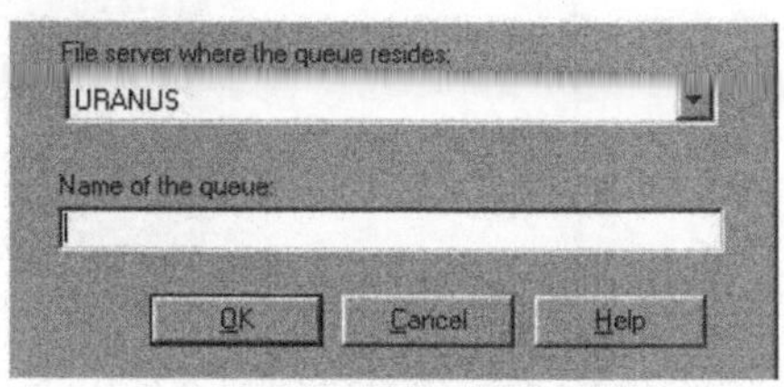

Abb. 39

Über die Schaltfläche NOTIFICATION können Benutzer ausgewählt werden, die bei bestimmten Ereignissen des Print-Servers benachrichtigt werden sollen.

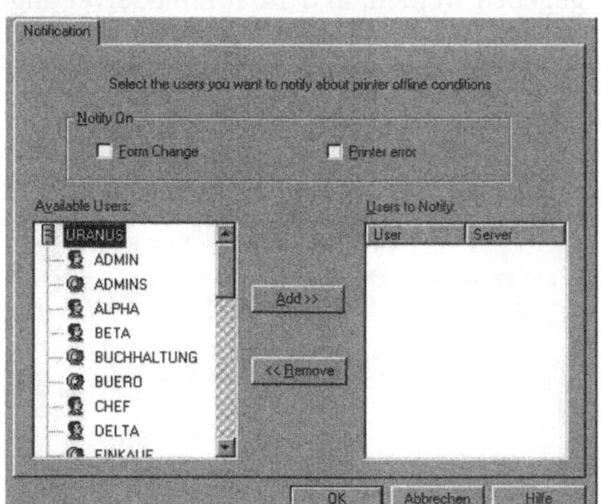

Abb. 40

Konfigurieren der Workstations für Bindery (Win 9.x, NT):

Unter START | EINSTELLUNGEN | NEUER DRUCKER auswählen | NETZWERKDRUCKER auswählen | den entsprechenden NDS-Kontext auswählen | die Warteschlange auswählen | den Druckertreiber installieren lassen | den weiteren Anweisungen des Assistenten folgen.

Konfiguration für MS-Windows-Netzwerke:

Der Print-Server kann für den Einsatz aller Windows-Betriebssysteme verwendet und konfiguriert werden. Dazu ist aus dem Pull-Down-Menu die Auswahl MICROSOFT NETWORK PRINTING zu treffen.

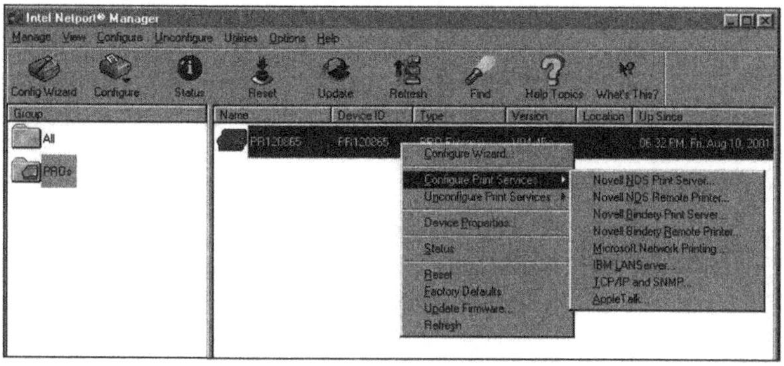

Abb. 41

In der nachfolgenden Dialogbox auf der Registerkarte NAME müssen zuerst der Name des Print-Servers und die Domäne angegeben werden, in der der Print-Server angeschlossen ist.

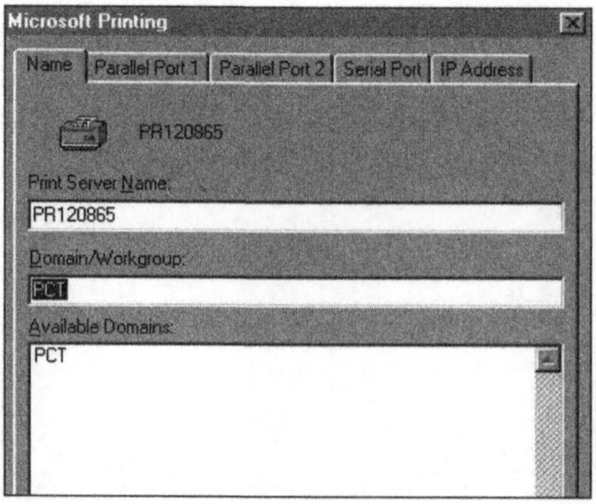

Abb. 42

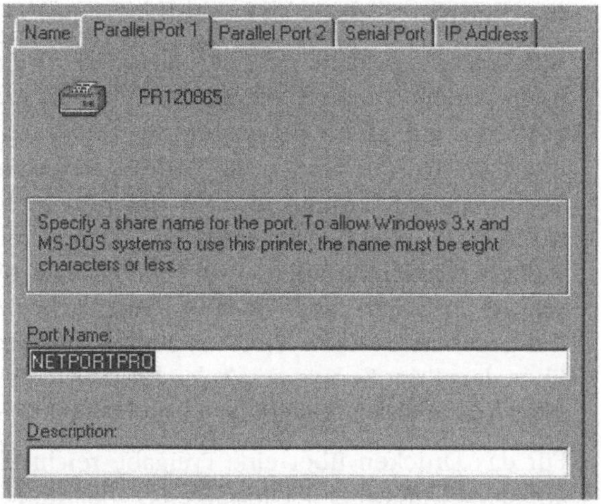

Abb. 43

Auf der Registerkarte PARALLEL-PORT 1 (2, oder Serial) ist der Name des entsprechenden Ports anzugeben, der in die Freigabe erscheinen soll.

Wird mit TCP/IP im Netzwerk gearbeitet, kann dem Print-Server auf der Registerkarte IP-ADRESS eine IP-Adresse, eine Subnet-Mask und ein Standard-Gateway (wenn vorhanden) zugeordnet werden. Dies kann manuell, via DHCP, BOOTP oder ARP geschehen.

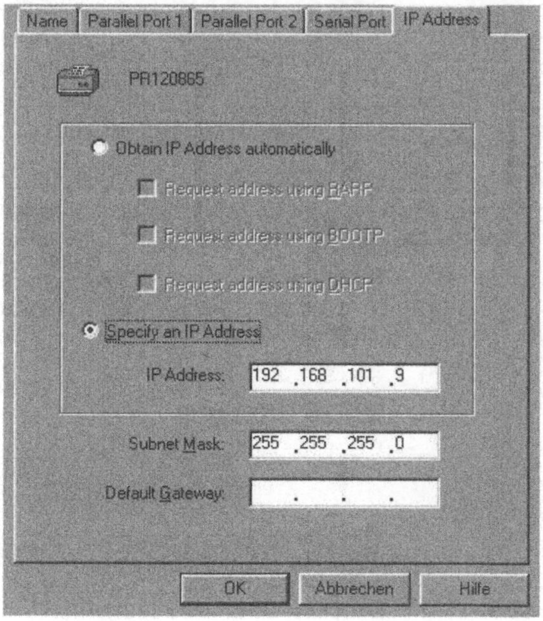

Abb. 44

Konfigurieren der Workstations:

Auf Windows-Arbeitsstationen muss der Netport-Monitor installiert werden. Dieser befindet sich im Verzeichnis Intel\Netport\PortMon auf dem Computer, auf dem der Netport-Manager installiert wurde. Dieses Verzeichnis sollte am Besten auf einen Technik-Server kopiert und für das Netzwerk mit Administratorrechten frei gegeben werden, da so leicht alle WS's im Netz installiert werden können. Der Port-Monitor wird als lokaler Anschluss installiert und kann im Netzwerk für andere Computer frei gegeben werden. Die Workstation kann für direktes Drucken über den Print-Server und/oder für das Drucken über eine Freigabe von anderen Computern konfiguriert werden.

Für das Drucken über eine Freigabe reicht es, den Port-Monitor auf dem Computer zu installieren, der den Anschluss frei gibt. Dieser spoolt dann alle Druckaufträge von anderen Computern. Andere Computer, die über diesen Computer über die Freigabe drucken, können auf herkömmliche Weise konfiguriert werden (siehe weiter unten).

Für das direkte Drucken über den Print-Server muss der Port-Monitor auf jedem Computer installiert sein, der direkt über den Print-Server drucken will.

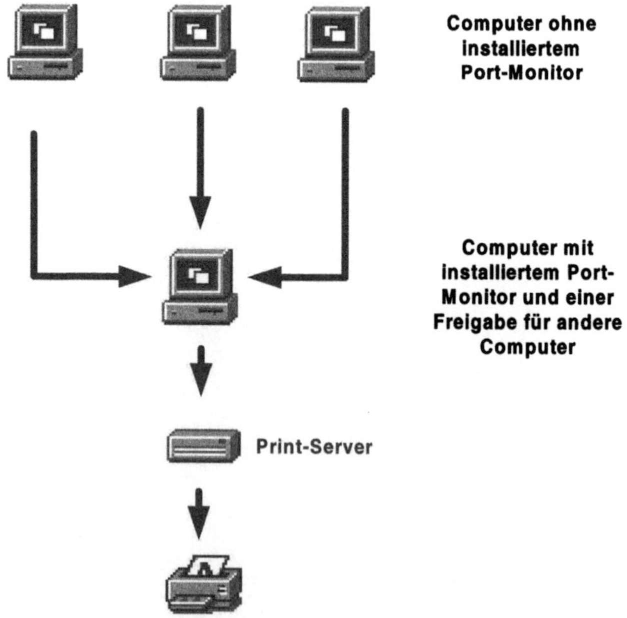

Abb. 45 Drucken über eine Freigabe

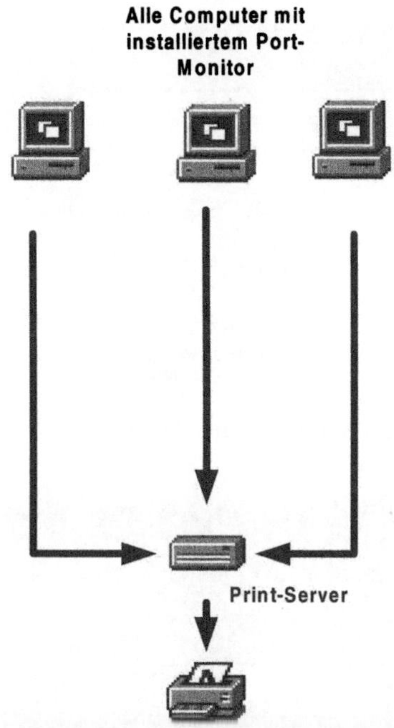

Abb. 46 Direktes Drucken

Computer für eine Freigabe über Win 9.x einrichten, der den Print-Server bedient und über den andere Computer im Netzwerk drucken können:

- Installieren des Port-Monitors
- Über START | EINSTELLUNGEN | DRUCKER | NEUER DRUCKER | LOKALER DRUCKER an LPT1 auswählen und einrichten.
- Ist der Drucker installiert, diesen mit der rechten Maustaste anklicken und EIGENSCHAFTEN auswählen.
- ANSCHLUSS HINZUFÜGEN auswählen
- ANDERE auswählen
- INTEL NETPORTEXPRESS NETWORK-PORT auswählen
- Domäne auswählen
- Print-Server auswählen
- Port auswählen

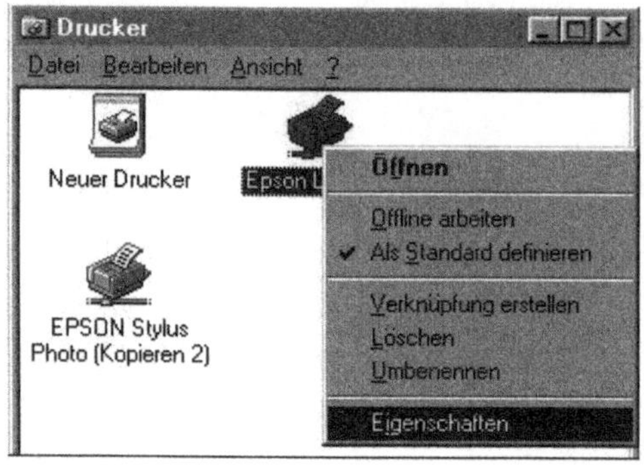

Abb. 47 Eigenschaften des Druckers

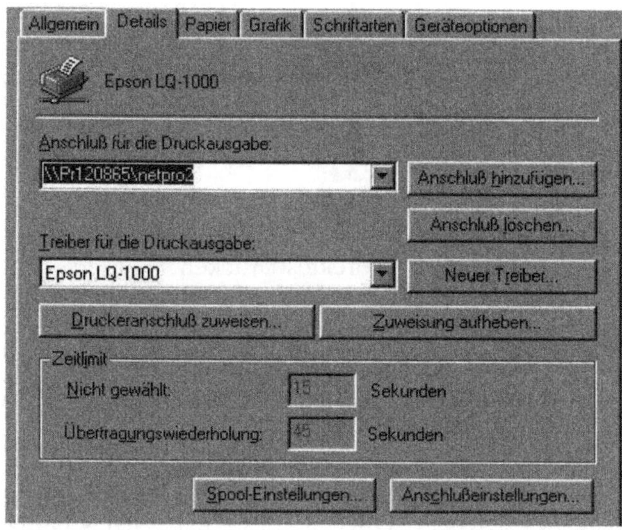

Abb. 48 Details

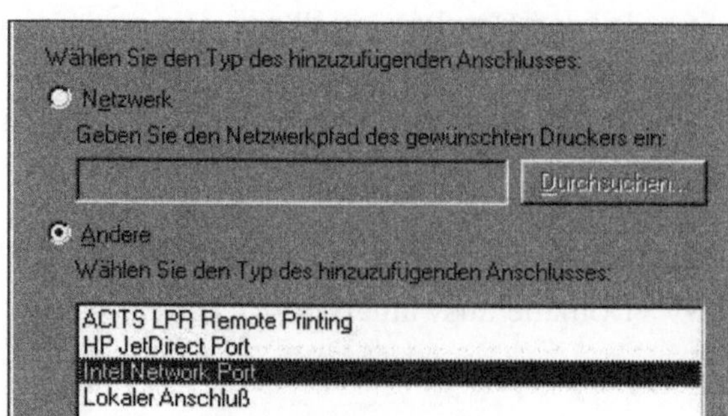

Abb. 49 Anschluss hinzufügen

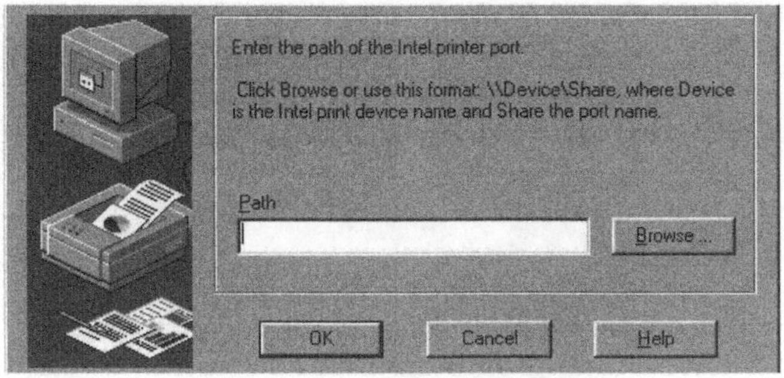

Abb. 50 Domäne auswählen

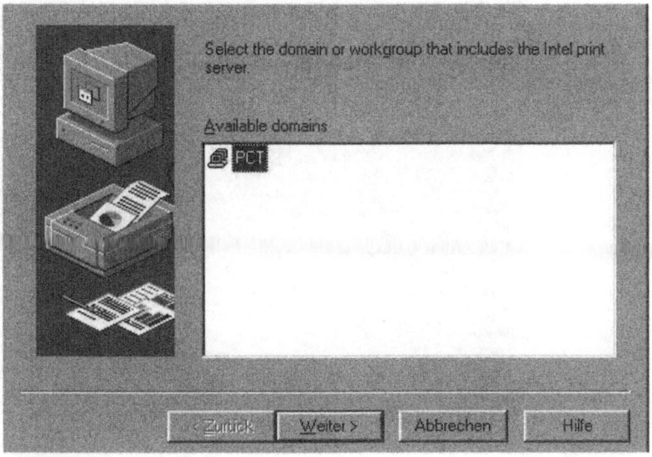

Abb. 51

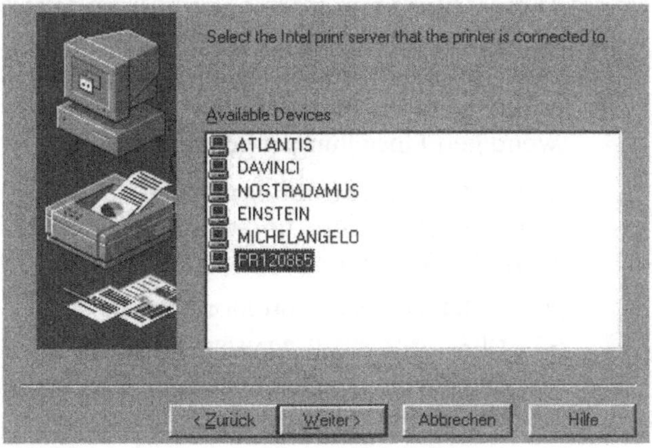

Abb. 52 Print-Server auswählen

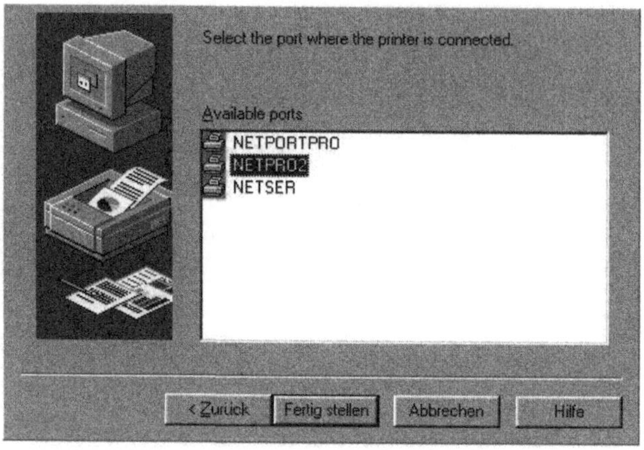

Abb. 53 Port auswählen

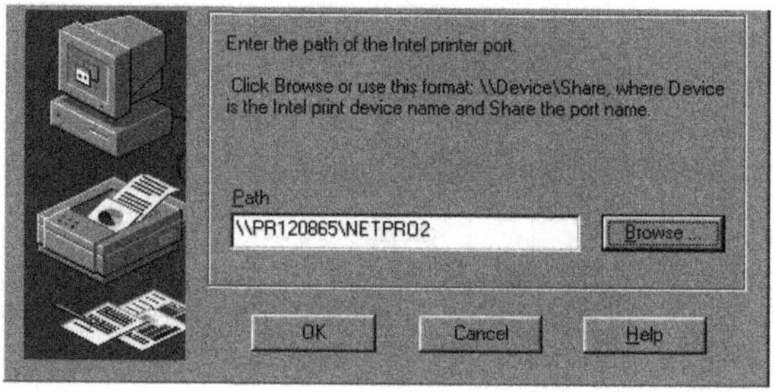

Abb. 54

Dieser Zugang zum Print-Server kann jetzt für andere Computer im Netzwerk freigegeben werden, in dem mit der rechten Maustaste auf den Drucker geklickt wird, die Eigenschaften ausgewählt werden, und über die Registerkarte FREIGABE die notwendigen Einstellungen gemacht werden.

Computer für eine Freigabe über Win NT einrichten, der den Print-Server bedient und über den andere Computer im Netzwerk drucken können:

- Installieren des Port-Monitors
- Über START | EINSTELLUNGEN | DRUCKER | NEUER DRUCKER | LOKALER DRUCKER an LPT1 auswählen und einrichten
- Ist der Drucker installiert, diesen mit der rechten Maustaste anklicken und EIGENSCHAFTEN auswählen

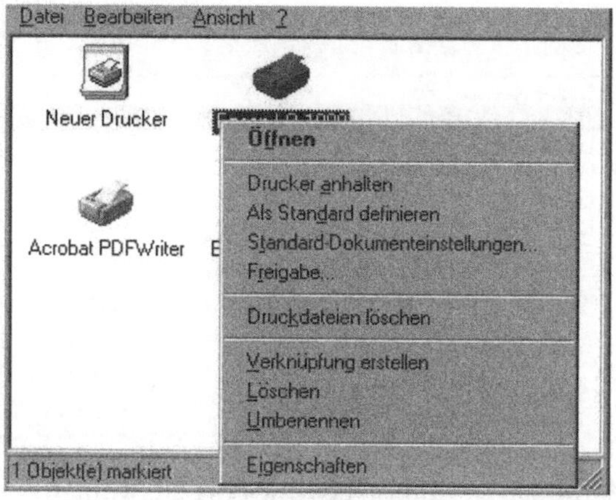

Abb. 55 Eigenschaften auswählen

- ANSCHLUSS HINZUFÜGEN auswählen
- NEUER ANSCHLUSS auswählen
- INTEL NETPORTEXPRESS NETWORK-PORT auswählen
- Domäne auswählen
- Print-Server auswählen
- Port auswählen

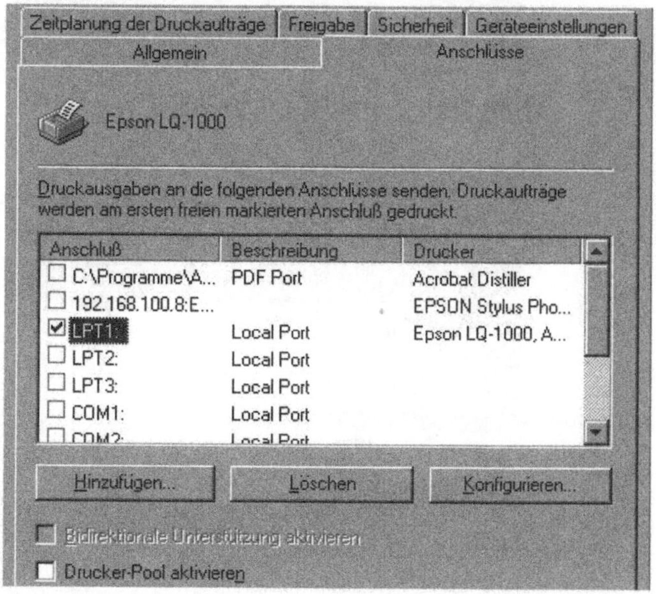

Abb. 56 Anschlüsse

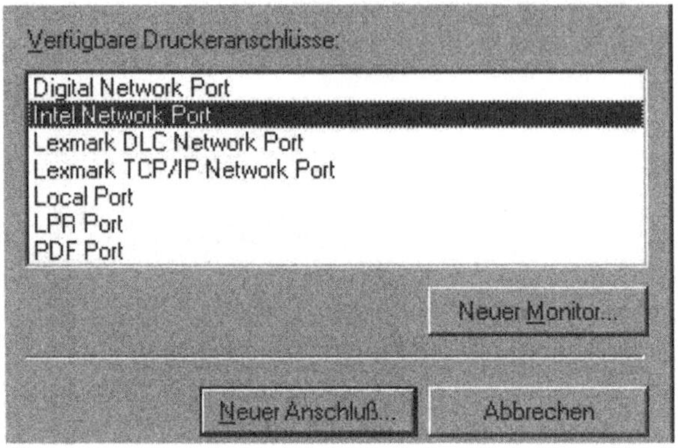

Abb. 57 Intel Network-Port auswählen

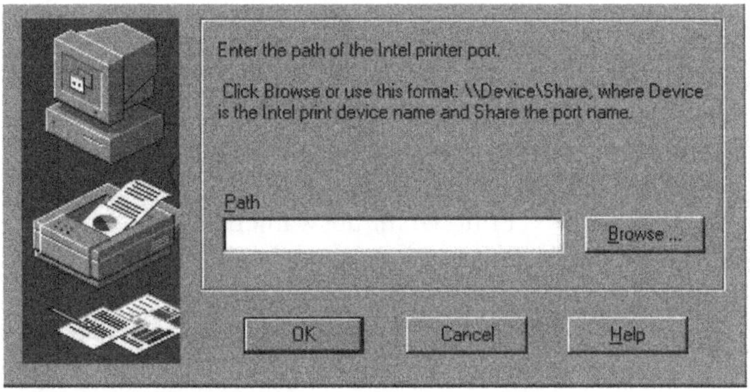

Abb. 58 Domäne auswählen

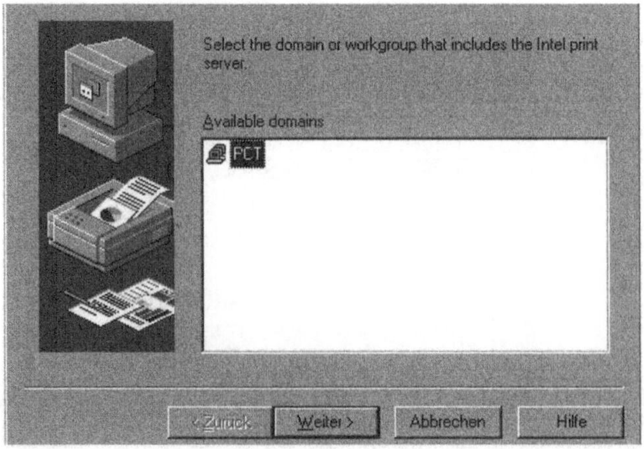

Abb. 59

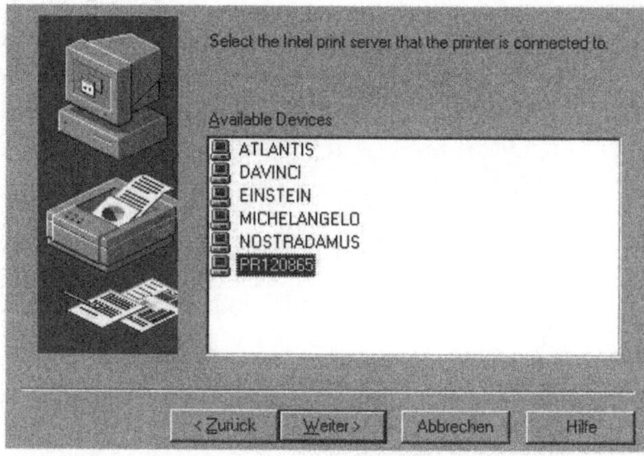

Abb. 60 Print-Server auswählen

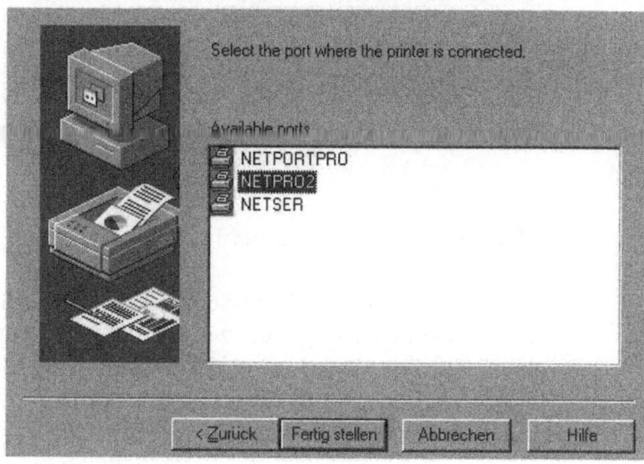

Abb. 61 Port auswählen

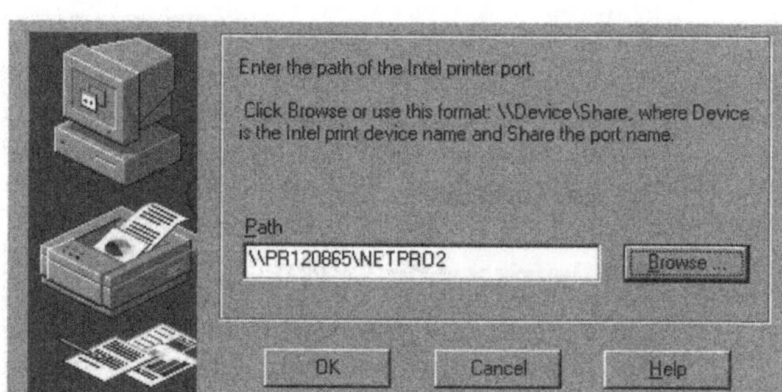

Abb. 62

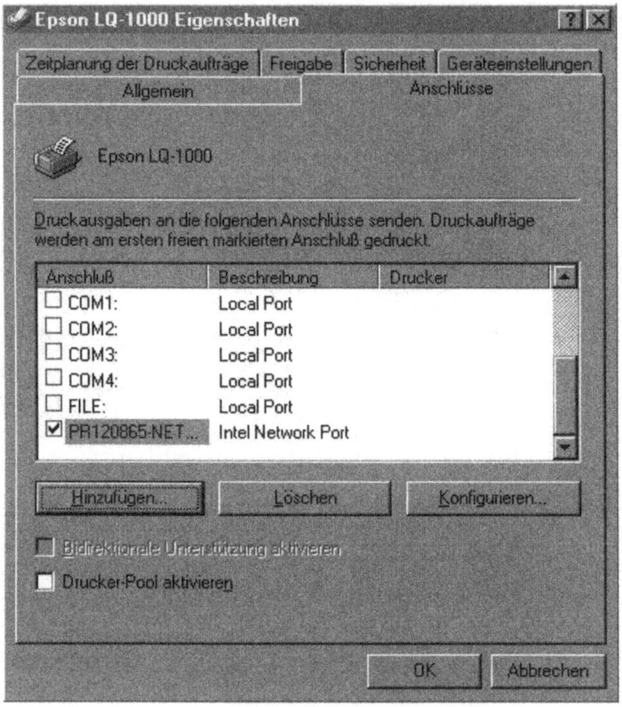

Abb. 63 Neu hinzugefügter Anschluss

Dieser Zugang zum Print-Server kann jetzt für andere Computer im Netzwerk freigegeben werden, in dem mit der rechten Maustaste auf den Drucker geklickt wird, die Eigenschaften ausgewählt werden und über die Registerkarte FREIGABE die notwendigen Einstellungen gemacht werden.

Einrichten von Computern, die über einen frei gegebenen Anschluss auf einem Computer unter Win 9.x oder Win NT drucken können:

Einfach das herkömmliche Verfahren anwenden, um über einen Netzwerkdrucker zu drucken. Hierbei wird dann nur der Freigabename ausgewählt, der auf dem frei gegebenen Computer eingerichtet wurde.

Konfigurieren für TCP/IP:

Um über TCP/IP über den Print-Server drucken zu können, muss dieser dafür ebenfalls eingerichtet werden. Der Print-Server verfügt über eine eigene MAC-Adresse, die auf der Unterseite des Gerätes angebracht ist. Auch über die Diagnose-Taste, über die auch ein Selbsttest des Print-Servers durchgeführt werden kann, ist diese MAC-Adresse einsehbar.

Über TCP/IP wird z. B. gedruckt, wenn unter NT oder Unix der Befehl LPR zum Drucken verwendet wird.

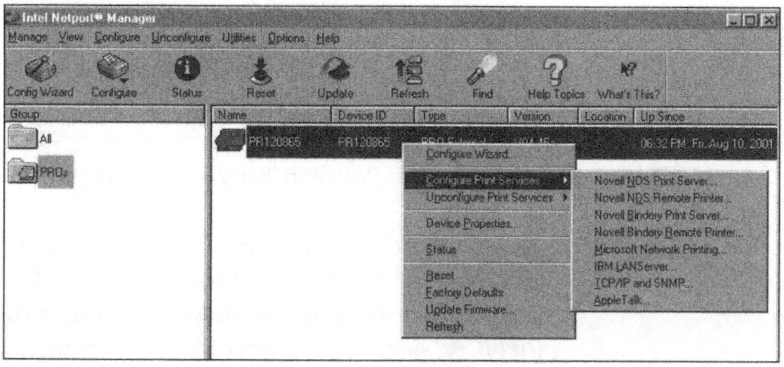

Abb. 64

In der nachfolgenden Dialogbox ist die IP-Addresse, die Subnet-Mask sowie ein Standard-Gateway (wenn vorhanden) einzugeben. Soll die Adresse statt des manuellen Eintrags über DHCP, BOOTP oder ARP bezogen werden, kann dies hier eingestellt werden.

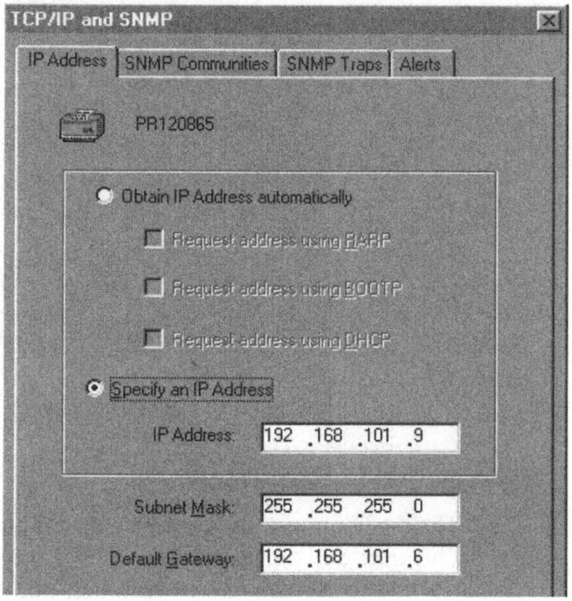

Abb. 65 TCP/IP konfigurieren.

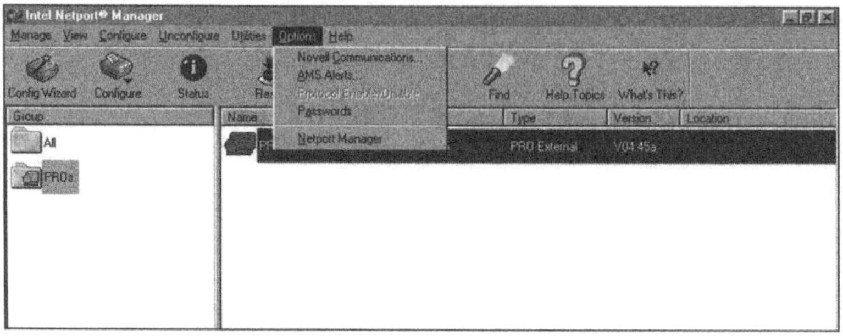

Abb. 66 Paßwort für Zugriff vergeben

Achtung: Ist der Print-Server für TCP/IP konfiguriert, kann mittels Telnet oder eines WEB-Browsers ebenfalls auf den Print-Server zugegriffen werden, um diesen zu konfigurieren. Deswegen empfiehlt es sich, dass unbedingt ein Kennwort für den Zugriff auf den Print-Server konfiguriert wird, da ansonsten jeder, der die IP-Adresse kennt, den Print-Server anders einstellen kann.

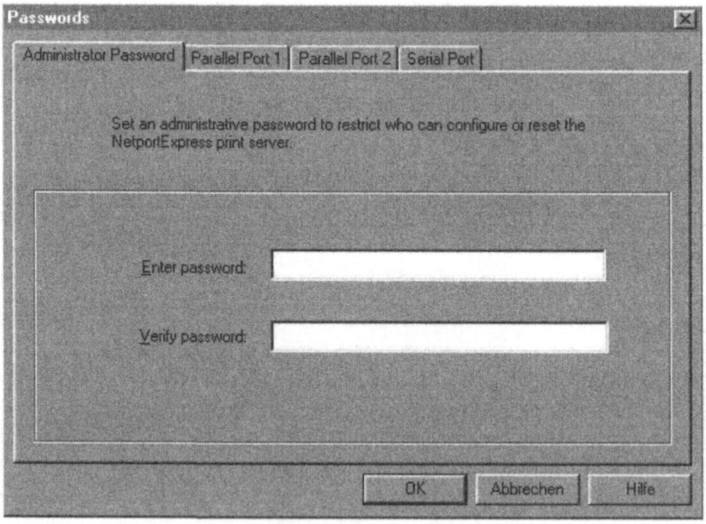

Abb. 67

Konfiguration über Telnet:

Über Telnet können die selben Einstellungen am Print-Server gemacht werden, die auch über den Netport-Manager gemacht werden können. Dazu muss man sich aber von Menü zu Menü hangeln.

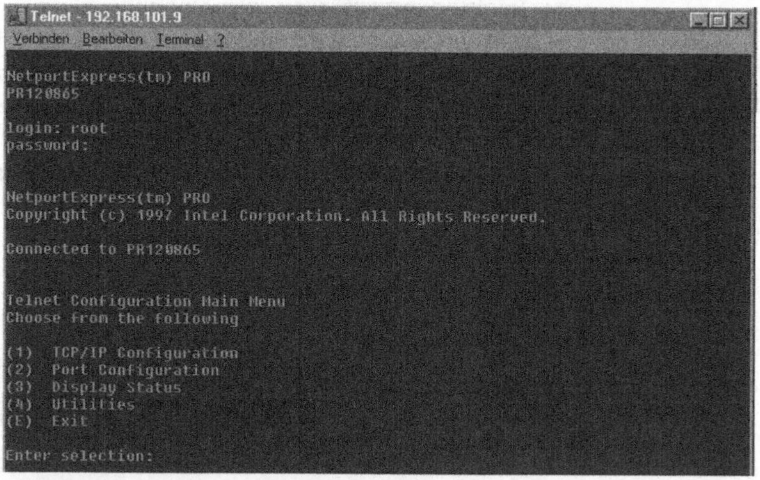

Abb. 68 Konfiguration über Telnet

Konfiguration über einen WEB-Browser:

Der Print Server kann ebenfalls über einen WEB-Browser im HTML-Format konfiguriert werden.

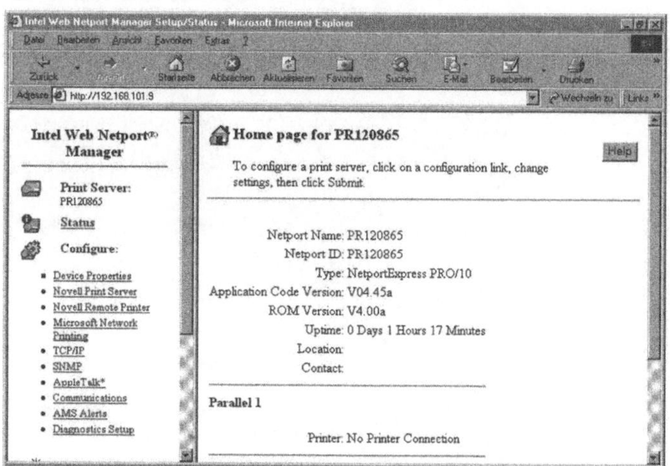

Abb. 69 Konfiguration über einen WEB-Browser

Hardwarekonfiguration der Ports:

Über rechte Maustaste über dem Print-Server | DEVICE-PROPERTIES können die einzelnen Ports für den angeschlossenen Drucker konfiguriert werden. Dabei ist zu beachten, dass auf den

Registerkarten für die einzelnen Ports die richtige Geschwindigkeit eingestellt wird, mit der der Drucker arbeitet, da ansonsten die Druckausgabe beeinträchtig werden kann oder der Druckauftrag vom Drucker erst gar nicht verarbeitet wird. Die Punkte Low, Medium und High sind auf dieser Karte jeweils ausreichend beschrieben. Der Punkt SOFTWARE sollte nur verwendet werden, wenn die Kommunikation über die Einstellungen an der Hardware gar nicht funktionieren wollen.

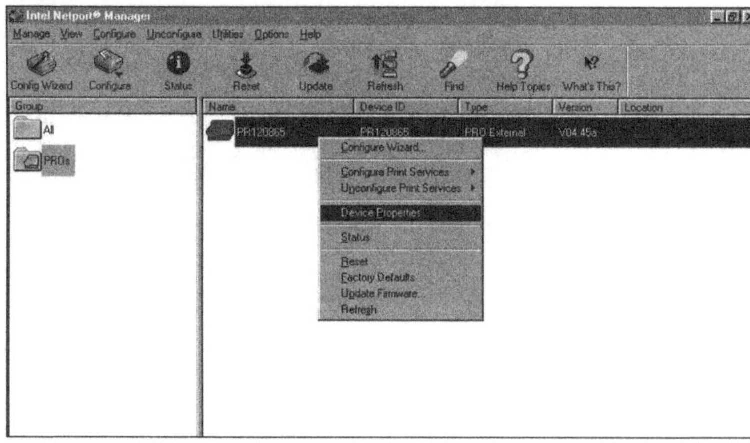

Abb. 70 Geräte-Eigenschaften bearbeiten

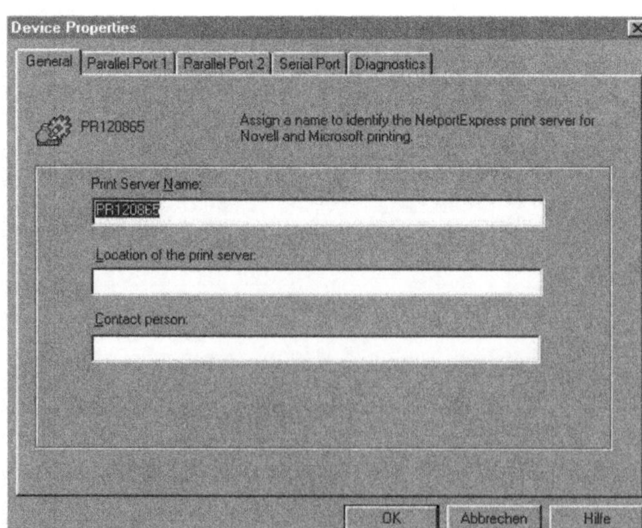

Abb. 71

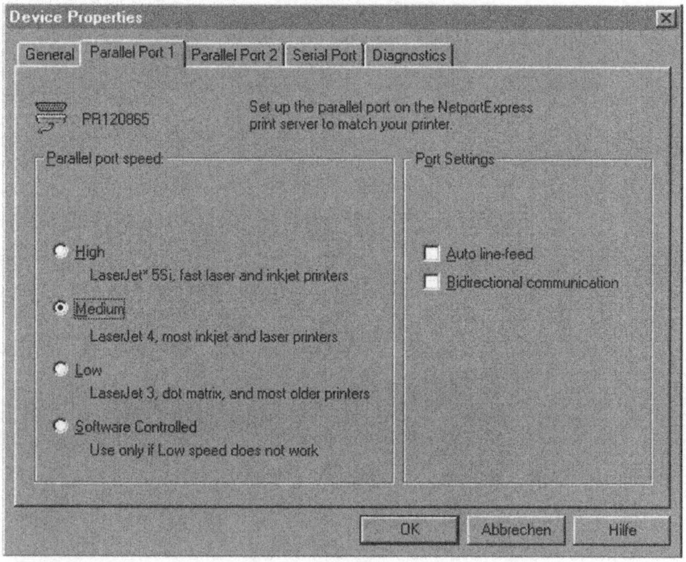

Abb. 72

Achtung: Ist der Print-Server für eine bestimmte Aufgabe konfiguriert, kann er erst dann andere Aufgaben übernehmen, wenn diese erste Aufgabe rückgängig gemacht wurde, was über den Menü-Punkt UNCONFIGURE gemacht werden muss.

Status des Print-Servers abfragen:

Hier kann die gesamte Konfiguration des Print-Servers auf einen Blick eingesehen werden.

Reset:

Bei Fehlverhalten des Print-Servers kann es sinnvoll sein, diesen zu „resetten“, um seine Einstellungen neu zu übernehmen.

Factory Defaults:

Über diesen Menü-Punkt wird der Print-Server in seine Grundeinstellungen gebracht, so wie er werksseitig ausgeliefert wurde.

Update Firmware:

Ist eine neue Software für den Print-Server verfügbar, kann er über diesen Menü-Punkt „geupdatet“ werden.

Konfiguration des Print-Servers über den Konfigurations-Wizard:

Über den Wizard werden alle benötigten Information abgefragt. Dies ist eine sehr schnelle und einfache Konfiguration des Print-Servers.

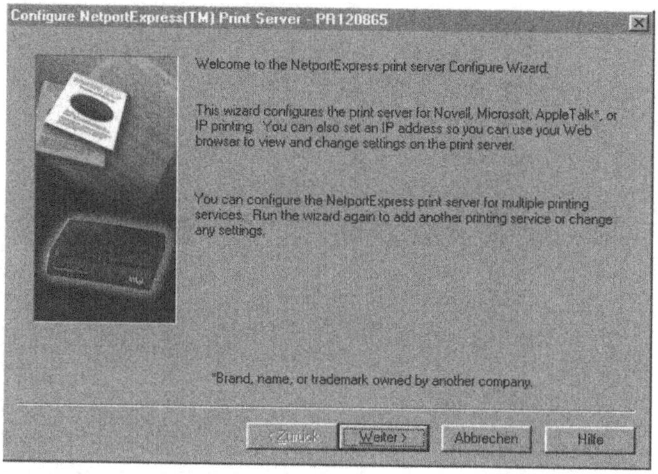

Abb. 73

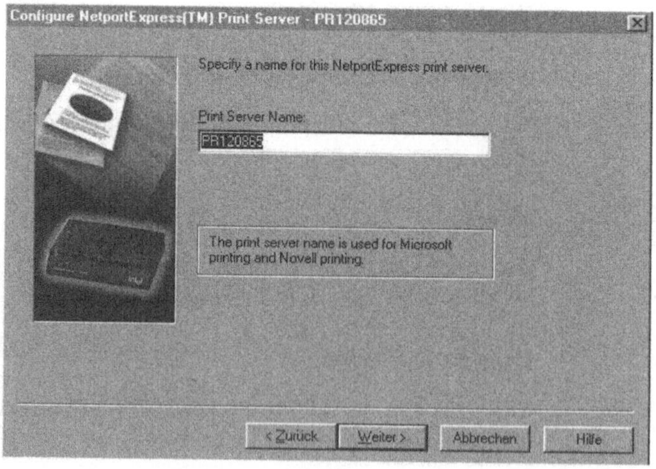

Abb. 74

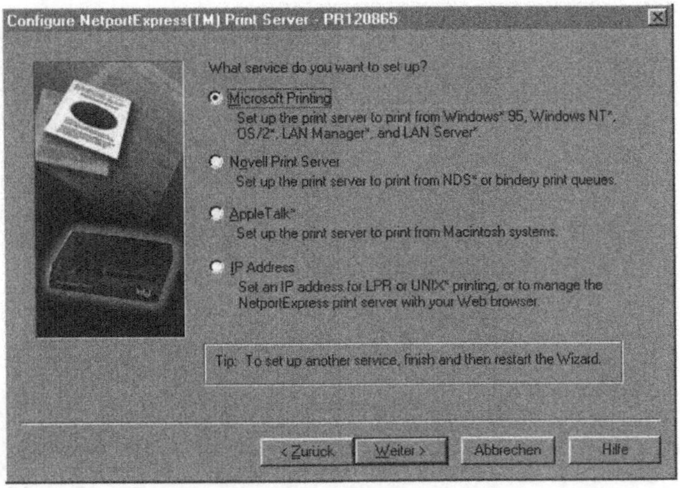
Configure NetportExpress(TM) Print Server - PR120865
What service do you want to set up?
Microsoft Printing
Set up the print server to print from Windows* 95, Windows NT*, OS/2*, LAN Manager*, and LAN Server*.
Novell Print Server
Set up the print server to print from NDS* or bindery print queues.
AppleTalk*
Set up the print server to print from Macintosh systems.
IP Address
Set an IP address for LPR or UNIX* printing, or to manage the NetportExpress print server with your Web browser.
Tip: To set up another service, finish and then restart the Wizard.
< Zurück
Weiter >
Abbrechen
Hilfe

Abb. 75

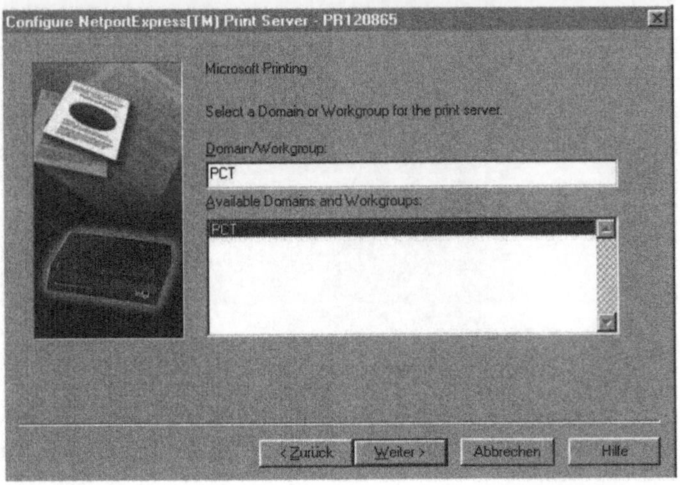
Configure NetportExpress(TM) Print Server - PR120865
Microsoft Printing
Select a Domain or Workgroup for the print server.
Domain/Workgroup:
PCT
Available Domains and Workgroups:
PCT
< Zurück
Weiter >
Abbrechen
Hilfe

Abb. 76

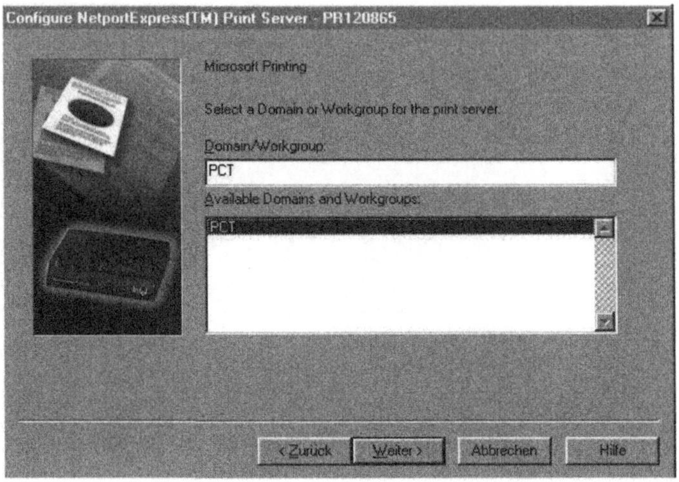
Configure NetportExpress(TM) Print Server - PR120865
Microsoft Printing
Select a Domain or Workgroup for the print server.
Domain/Workgroup:
PCT
Available Domains and Workgroups:
PCT
< Zurück
Weiter >
Abbrechen
Hilfe

Abb. 77

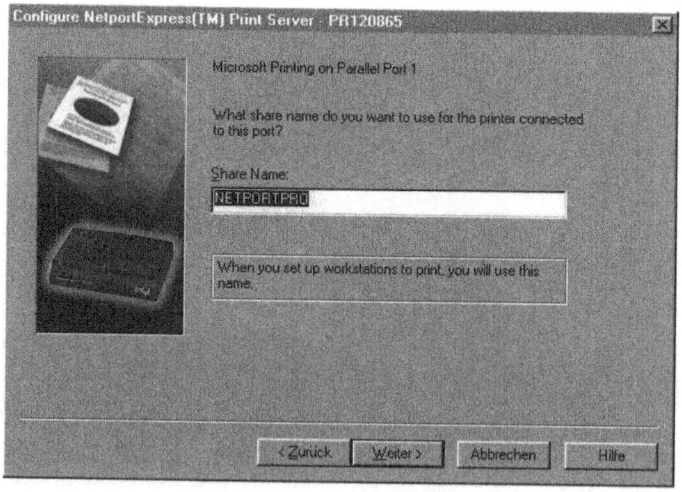
Configure NetportExpress(TM) Print Server - PR120865
Microsoft Printing on Parallel Port 1
What share name do you want to use for the printer connected to this port?
Share Name:
NETPORTPRO
When you set up workstations to print, you will use this name.
< Zurück
Weiter >
Abbrechen
Hilfe

Abb. 78

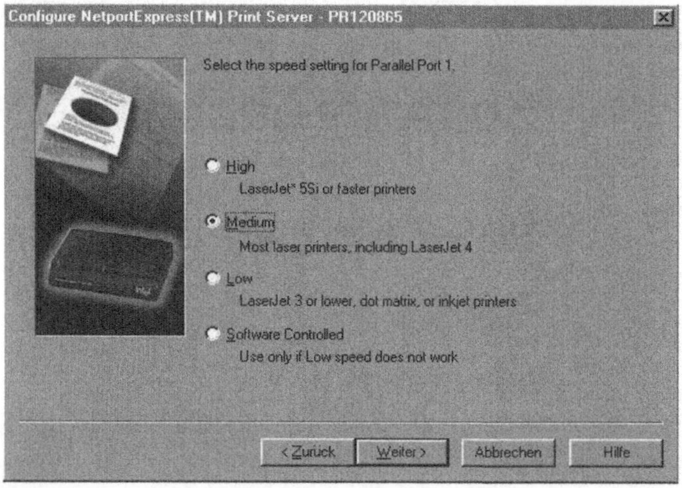
Configure NetportExpress(TM) Print Server - PR120865
Select the speed setting for Parallel Port 1.
High
LaserJet® 5Si or faster printers
Medium
Most laser printers, including LaserJet 4
Low
LaserJet 3 or lower, dot matrix, or inkjet printers
Software Controlled
Use only if Low speed does not work
< Zurück
Weiter >
Abbrechen
Hilfe

Abb. 79

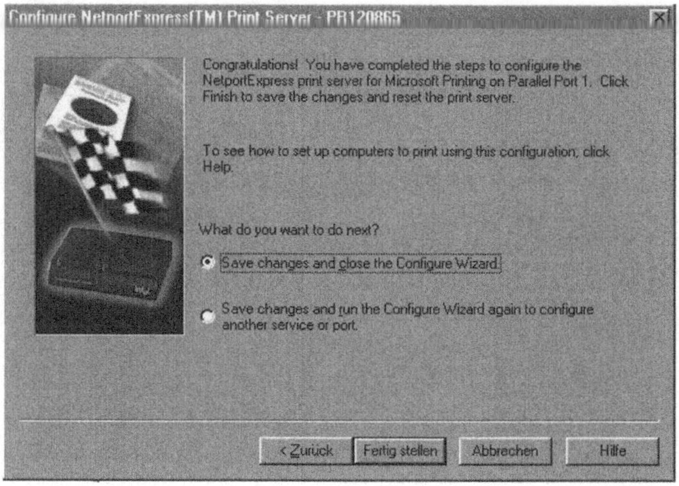
Configure NetportExpress(TM) Print Server - PR120865
Congratulations! You have completed the steps to configure the NetportExpress print server for Microsoft Printing on Parallel Port 1. Click Finish to save the changes and reset the print server.
To see how to set up computers to print using this configuration, click Help.
What do you want to do next?
Save changes and close the Configure Wizard
Save changes and run the Configure Wizard again to configure another service or port.
< Zurück
Fertig stellen
Abbrechen
Hilfe

Abb. 80

GPSR Compliance

The European Union's (EU) General Product Safety Regulation (GPSR) is a set of rules that requires consumer products to be safe and our obligations to ensure this.

If you have any concerns about our products, you can contact us on ProductSafety@springernature.com

In case Publisher is established outside the EU, the EU authorized representative is:

Springer Nature Customer Service Center GmbH
Europaplatz 3
69115 Heidelberg, Germany

Batch number: 10584556

Printed by Printforce, the Netherlands